咖 啡

〔日〕小池 美枝子 著

灵思泉 赵 培 译

南海出版公司

2021·海口

请享受您的咖啡生活！

小池美枝子

2001年，在"日本百瑞斯塔（咖啡师）大赛·玻璃咖啡壶赛"中以第一名的成绩通过预选。2013年在"日本咖啡调酒大赛"中获得亚军。凭借女性特有感性所创造出的独特花式饮品受到广泛好评，创作的滴漏式咖啡和意式浓缩咖啡也获得了大众的认可。现就职于"Tomutomu"咖啡屋。

观看视频

"日本咖啡调酒大赛"，要求选手在规定的时间内冲泡出两杯爱尔兰咖啡以及两杯含酒精的自创咖啡饮料。考核内容包括咖啡味道以及创新性，选手的表演能力和待客能力也是评比内容之一。图为比赛场景。

序

第一次与咖啡接触是在四岁的时候，对于那时的我来说，咖啡并不是一种褐色的饮品，而是一种红色的果实。正因如此，当时的我并没有接受咖啡的味道，直到成年以后，我才开始饮用咖啡。

2000年时，我的生活出现了转机，"咖啡师"作为一种资格认证诞生了，我顺利地通过了首期资格考试。2001年，我信心满满地参加了"日本百瑞斯塔（咖啡师）大赛"，并通过预赛。之后我参加了每届比赛，并均通过预赛，凭借多次比赛的经验，我终于在2006年获得了该赛事咖啡壶项目的优胜奖。

2008年起，我开始担任大赛的评委，并开办了咖啡教室，担当着传递信息的重任。通过普及特色咖啡，我强烈地感觉到作为一名顶级

咖啡师需要掌握广泛的知识。咖啡豆从栽培到萃取的过程，有许多人参与其中，而把冲泡好的咖啡端给客人的却是咖啡师。

希望这些咖啡师们可以成为日渐鼎盛的咖啡界的领军者。

小池美枝子

查看视频！ **本书"美味咖啡的冲泡方法"和"拉花咖啡"内容均带有视频讲解。**
可用微信"扫一扫"功能扫描对应的二维码观看。

contents

美味咖啡的冲泡方法

热咖啡

冰咖啡

意大利浓缩咖啡

冰浓缩咖啡

拉花咖啡

美味咖啡的冲泡方法

"如果能冲泡出咖啡屋水准的咖啡来就完美了。"这样的想法，您是不是也曾有过呢？其实如果掌握了诀窍，这并不是一件很困难的事情。本章所介绍的是冲泡花式咖啡的基础知识，现在就让我们开始好好学习吧。

让我们来冲泡一杯美味的咖啡吧！

　　要冲泡一杯美味的咖啡，您觉得最重要的是什么呢？是对咖啡豆的精挑细选还是对器具以及用水的严格把控呢？其实两个方面都很重要，同时还会受到其他因素的影响。也许您会感觉很复杂，但其实完全没有必要担心，从挑选咖啡豆到冲泡的各个环节，如果都能按照各自的原理规则执行，是一点问题都没有的。本章，我们介绍了从购买咖啡豆到冲泡咖啡的整个过程，我们把这个过程分为三个部分，分别是"咖啡豆""变换风味的技巧"以及"冲泡方法"，同时对各部分的原理规则进行详细解说。掌握了这些原理规则并且加以理解，就可以肆意享受咖啡生活所带来的乐趣。

1 咖啡豆

不同品种的咖啡豆冲泡出的咖啡味道不尽相同，就算是同品种的咖啡豆，根据其烘焙度、鲜度、研磨状态的不同，也会带给我们截然不同、变幻莫测的印象。让我们来好好地掌握从挑选咖啡豆到研磨成咖啡粉这一过程的基础知识吧。

2 变换风味
的技巧

根据热水温度以及斟倒方法的不同，冲泡出的咖啡味道会发生变化。冲泡咖啡、提取咖啡液时的各个步骤环环相扣，因此，理解并掌握这些规律才能够控制好咖啡的风味。

3 冲泡方法

各种提取器具冲泡出的咖啡都会给我们带来其独特而个性的风味。让我们了解一下各种器具的不同特点吧。

烘焙度和保存方法

咖啡的风味是由咖啡豆的烘焙程度决定的

往新鲜的咖啡粉里注入开水，会产生丰富的泡沫，这也是我们了解咖啡鲜度的一种手段。但需要留意的是，如果制品中放入了脱酸素，即使是新鲜的咖啡，也不会产生丰富的泡沫。

咖啡的味道（苦味与酸味的均衡）不仅仅由咖啡豆本身的特点所决定，还取决于它的烘焙度。可以说，咖啡豆的烘焙程度决定了咖啡的风味。烘焙度由从低到高来区分，一般会被分为从浅度烘焙到深度烘焙共八个阶段。总的来说，烘焙度低的咖啡豆味道会偏酸，烘焙度高的咖啡豆味道会偏苦。

烘焙度低的咖啡豆主要用于味道清淡的美式咖啡。

而苦味浓重的烘焙度较高的咖啡豆，即使与牛奶等混合也有很浓醇的咖啡味道，从而多用于花式咖啡。另外，如果嘴里很凉，味觉会变得迟钝，所以苦味浓重的咖啡豆同时也适用于冰咖啡。中度烘焙的咖啡豆味道则比较中庸。

购买的咖啡豆应放入咖啡专用小罐等密封容器内，再放到阴凉处保存。从烘焙后开始计算，可以保存两周左右。这里有一个小窍门，在您购买咖啡时，尽量购买两周内饮用完的分量。

烘焙度低			中度烘焙

酸味（强）

极浅烘焙

LIGHT

为了品尝出咖啡豆的特征，低温烘焙多适用于试饮，并不适合平时饮用。酸味很浓，感觉不到苦味。

肉桂烘焙

CINNAMON

肉桂烘焙也多用于试饮，但也常为酸味突出的特种咖啡和黑咖啡所采用。以酸味为主，基本没有苦味。

微中烘焙

MEDIUM

这种烘焙开始呈现咖啡的风味。口味清淡，为美式咖啡常采用的一种烘焙程度。酸味为主，出现轻微的苦味。

浓度烘焙

HIGH

这种烘焙已经中和了酸味和苦味，口感达到了平衡，有适度的苦味。颜色呈现浓茶色。味道中庸，容易被人们所接受。

在选购咖啡豆时，烘焙后没有放置太长时间且保存完好的咖啡豆为首选（烘焙后2～3天是饮用的最佳时间）。另外，由于咖啡粉易变质，所以最理想的是买咖啡豆，然后回家自行研磨。上页介绍了一些普通咖啡豆的保存方法，但是如果想长期保存咖啡豆，还是应装入密封食品袋，放入冰箱冷冻，这样可以保证烘焙后放置了一个月左右的咖啡豆的品质不会受到太大的影响。但要注意的是，使用时解冻到常温后才能进行研磨。

从外观就可以分辨出咖啡豆的品质

烘焙出的咖啡豆是可以从外观来分辨其品质好坏的。最理想的咖啡豆应该是形状完整、个头饱满、颜色均匀。而下图中的咖啡豆颜色不均匀，萃取时会不均一，从而影响口感。此外，放置时间过长的咖啡豆表面会溢出油脂。但烘焙度较高的咖啡豆，即使很新鲜时表面也会溢出油脂。

烘焙度高

苦味(强)

城市烘焙
CITY
比起酸味，苦味更胜一筹，能感受到浓郁的咖啡香味。颜色是浓褐色。是标准且酸苦味平衡的一种烘焙程度。

全城烘焙
FULL CITY
苦味明显地呈现出来，更突出了其烤焙感。其完美的酸苦平衡度非常适用于冰咖啡和花式咖啡，同时也适用于意大利浓缩咖啡。

法式烘焙
FRENCH
苦味浓重地显现出来，已感觉不出酸味。除了适用于意大利浓缩咖啡外，因其味道不逊色于牛奶味道，也经常会被用于花式咖啡的制作。

意式烘焙
ITALIAN
苦味已经覆盖了所有味道，颜色近乎于黑色。主要适用于冰咖啡。咖啡豆的表面泛着油脂和光泽。

研磨咖啡豆

结合咖啡提取器具来改变咖啡粉的粗细粒度

咖啡豆要根据提取器具的情况，研磨成不同状态的咖啡粉（咖啡粉的粗细粒度）。不同的提取器具要使用不同研磨状态的咖啡粉，为什么必须要这么做呢？这是因为咖啡粉粗细程度不同，其成分的提取方法以及热水滤过的难易程度也是不同的（见p32的详细解说）。简单来说，咖啡味道成分的提取与咖啡粉的颗粒大小有着直接关系，颗粒越大溶解越慢，颗粒越小溶解越快。另外，以滴漏式冲泡法为例，颗粒越大，其热水滤过的速度就会越快；颗粒越小，热水滤过的速度就会变得慢而缓。

中度研磨的咖啡粉使用点滴式手冲的冲泡方法，可以非常顺畅地抽出咖啡液。如果使用细度研磨的咖啡粉，就有可能堵塞过滤器，热水的滤过也会很慢，同时，由于咖啡粉颗粒过小而使咖啡的味道过重，会有损咖啡的味道。因此，要根据提取器具的情况来调整使用不同研磨状态的咖啡粉。

咖啡豆的研磨器具（研磨机）大致可分为手动和电动两类，性能有各自的不同之处。控制微粉（也就是非常细的粉粒的产生）以研磨出均一的颗粒，也是泡出美味咖啡的一大关键。

手摇式研磨机
（锥型刀刃）

手摇式研磨机可以边享受咖啡的香味，边享受摇动手柄研磨咖啡所带来的乐趣。根据底部的宽度和手柄长短的不同，其研磨的难易程度也不同。底部宽阔就会稳定性好，研磨机的大小与手柄的长短保持平衡，这样的研磨机使用起来会更方便。

左）稳稳地摁住研磨机的机身，保持一定速度，不快不慢地转动手柄，是成功研磨的技巧之一。
右）咖啡粉的粒度可以通过手柄根部的松紧来调节。

电动型
（刀片型刀刃）

刀刃是螺旋桨形状（刀片切刀）。由于没有调节粒度的功能，只能依靠研磨时间的长短来调节咖啡粉的研磨状态。低廉的价格就能轻易购入。

最好是打开开关，安装上刀刃后再把咖啡豆放入研磨机。要是咖啡豆投入研磨机后再装上刀刃，刚开始研磨出的咖啡豆的粒度就很难保持一致。

电动型
（平型刀刃）

在电动型研磨机中属于高级研磨工具。这种等级的研磨器具可以研磨出用于泡制意大利浓缩咖啡的极细咖啡粉。

从刀刃的形状来看研磨机的性能

家用研磨机中，都有用来粉碎咖啡豆的部分，这些部分通常被称作锥型刀刃、平型刀刃或刀片型刀刃。锥型刀刃可以不限制阶段地调整研磨状态，如果用于电动型研磨机，就可以研磨出用于泡制意大利浓缩咖啡的极细咖啡粉。平型刀刃一般为商用，同时也适用于家庭，可以简单地研磨出粗细均匀的咖啡粉，有时也适用于研磨泡制意大利浓缩咖啡的极细咖啡粉。刀片型刀刃是螺旋桨形状的刀刃，通过回转刀刃来研碎咖啡豆。由于其价格低廉，所以非常适用于入门，但是其研磨出的咖啡粉粒度很难达到均匀。

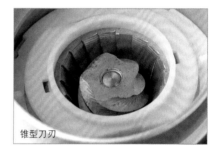

锥型刀刃

平型刀刃

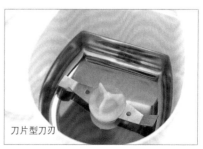

刀片型刀刃

研磨状态以及适合的提取器具

极细型

如同上等白糖般细腻。由于其粒度细腻、颗粒小，溶解速度较缓慢，容易呈现出苦味。适用于制作意大利浓缩咖啡和滴漏式咖啡。

适合的提取器具
浓缩咖啡机、滴漏式咖啡壶

细型

如同砂糖般粗细。在想要彻底地萃取咖啡成分时，推荐此研磨状态。使用家用浓缩咖啡机时，极细型咖啡粉容易堵塞网眼，所以使用此研磨状态的咖啡粉较为合适。

适合的提取器具
纸质滴液漏斗、针筒咖啡壶（浓缩咖啡式）、浓缩咖啡机、滴漏式咖啡壶

中型

许多咖啡都使用这种研磨状态的咖啡粉，味道和浓度的平衡都非常容易控制。虹吸式咖啡壶和针筒咖啡壶（滴漏式）适合使用研磨状态略细的中细型咖啡粉。

适合的提取器具
纸质滴液漏斗、虹吸式咖啡壶、布质滴液漏斗、法式滤压壶、针筒咖啡壶（滴漏式）

粗型

在使用法式滤压壶冲泡咖啡时，要混入更多中型咖啡粉，这种情况下，更推荐使用粗型咖啡粉。由于颗粒大，咖啡的成分较难提取，使用布质滴液漏斗提取时，建议咖啡粉的分量比平常多一些。

适合的提取器具
布质滴液漏斗、法式滤压壶

|一|个|要|点|

咖啡和水

不影响风味的软水最好！通过净水器过滤后的水最为理想

根据矿物质含量的不同，水可以分为软水和硬水。软水中矿物质较少，没有什么异味，喝起来比较顺畅。日本自来水除了冲绳的部分地区外，多以软水为主。而矿物质含量丰富的硬水因硬度较高而难以下咽，而且有股特殊的味道。

冲泡咖啡时，适合使用对咖啡豆成分没有什么影响的软水。硬水中的矿物质与咖啡豆发生反应会增强咖啡的苦味，一般是不会使用的。

虽然用自来水也可以冲泡出美味的咖啡，但是最好去除杂质，用净水器过滤。另外，使用矿物质水时，也要留意pH值（酸碱性指标）。pH值超过7时，碱性会更强，会使咖啡的酸味减弱，这时就只能使用酸味稳定的咖啡豆来达到味道的平衡。但是，如果咖啡豆的酸味过重，就会使咖啡味道变得清淡，所以还是要视情况而定。

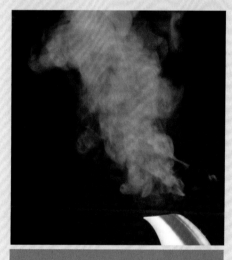

能量、蛋白质、脂肪、水合物……0
钠……1.16mg
钙……1.15mg
镁……0.80mg
钾……0.62mg
硬度60mg/L（软水）pH值7.0

上）二次沸腾的开水不适合冲泡咖啡。这是由于二氧化碳含量较少，很难冲泡出咖啡的味道。
下）矿物质水的标签上大多标明了软水与硬水的种类以及pH值。选择时请注意。

了解咖啡豆的品质

解读咖啡豆的品牌以及咖啡的品质

　　萨尔瓦多SHG、哥伦比亚苏帕摩……在选择咖啡豆时，你是否有过这样的疑问："在咖啡豆的名称中，国家后面的名称有什么特殊意义吗？"

　　咖啡豆的品牌名称是由其出产国或地域、庄园、品种、生产处理方法、品质等级等要素组合而成的，我们可以通过品牌名称来判断咖啡豆的品质。下面让我们来看一看出产国划分的品质等级以及特种咖啡的相关知识。

　　出产国划分的品质等级大致分为三种：一种是以出产国的海拔为标准；一种是以咖啡豆大小（筛目标号）为标准；还有一种就是以筛目标号和瑕疵数（瑕疵豆混入比例）为基准。我们整理出了主要国家所采取的品质等级评定标准供您参照。

可持续咖啡和认证咖啡

可持续咖啡是指"咖啡的可持续发展"。咖啡豆生产者的生活以及环境安全有所保障，使这些地区可持续稳定地生产咖啡豆，这种咖啡便被称作可持续咖啡。有一些组织进行着可持续发展的活动。那些被认证为可持续咖啡作为商品进行销售时，包装上是可以贴上这些组织的认证商标的。在这些组织中，以环境保护为目的的"雨林联盟"以及以保障生产者生活和公正待遇为目的的"公平贸易"都非常出名。

　　雨林联盟　　　　公平贸易

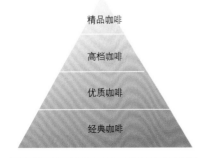

精品咖啡

高档咖啡

优质咖啡

经典咖啡

品质区分

当下流通的咖啡分为几个不同的级别，按SCAA规定的分类来看，处于高层的产品拥有更好的品质。"精品咖啡"的产品履历明确、溯源性强，是在杯测中能充分超越高标准的咖啡，其流通量仅占百分之一；"高档咖啡"是其产地与品种等溯源性有特定限制的产品；"优质咖啡"是在标准生产规格下制造流通的咖啡。常受咖啡馆及家庭青睐的主要为"高档咖啡"和"优质咖啡"，"经典咖啡"用于生产常规大众化产品。

产地的三种规格

① 以海拔高度来区分等级

国名	海拔高度	等级
萨尔瓦多	1200m~	SHG（高山特产豆）
	900~1200m	HG（高产）
危地马拉	1300m~	SHB（高山特硬豆）
	1200~1300m	HB（高豆）

高海拔地区温差大，咖啡豆成长缓慢，因而质地紧密，品质较好。每个国家的等级名称各有不同。以萨尔瓦多的SHG和HG来说，SHG的品质较高。另外，在墨西哥，海拔在1000~1600m所产的咖啡豆被标为AL（阿尔图拉）。而在哥斯达黎加，海拔在1200~1700m所产的咖啡豆被标为SHB（高山特硬豆），海拔在800~1200m所产的咖啡豆被标为HB（高豆）。

② 以咖啡豆大小来区分等级

国名	咖啡豆大小	等级
肯尼亚	S18~	AA
	S15~17	AB
哥伦比亚	S17~	苏帕摩
	S14~16	EX（艾克塞露斯）

评价咖啡豆品质规格的传统方法就是咖啡豆越大品质越好。咖啡豆的筛目标号是以1/64寸递增来分类的。肯尼亚的AA和AB相比较，AA的咖啡豆品质较高。在坦桑尼亚，个头最大的咖啡豆为AA，其次为AB。

③ 以筛目标号和瑕疵数来区分等级

国名·地域名	筛目标号	瑕疵数	等级
巴西	S17~18	~11	2型（No.2）
夏威夷	S19	1	可纳

这是以筛目标号和瑕疵数为基准的。瑕疵数是指有虫蛀等瑕疵的豆子在样品中的数量。巴西的No.2、夏威夷的可纳为品质等级高的咖啡豆。印度尼西亚和牙买加的蓝山咖啡是No.1，品质最高。

特种咖啡是一种凸显产地特色的高品质咖啡

有一种咖啡被称作特色咖啡，大家听说过吗？生产国和消费国都有各自的协会，在定义上虽有若干不同，但简单来说，可追溯性（从品种到生产处理方法、庄园、流通等的履历）明确，以产地风味特性的质量标准来做的杯测（咖啡的味觉检验）中得分高的咖啡都是特色咖啡，流通量非常稀少。以美国的美国特种咖啡协会（SCAA）为标准，日本也有日本特种咖啡协会（SCA）。

一般的咖啡豆以海拔高度和咖啡豆的大小等作为评定标准，由生产国自行界定，在这样的情况下，评定出的咖啡不一定就是美味的。另外，不同庄园和地域的咖啡豆常被混合，味道是平均出来的。在这种情况下，饮用者品尝到真正美味的咖啡时，所作出的高品质评价的咖啡才是特色咖啡。

在销售特种咖啡的咖啡店里，商品包装上多会印有"特种"字样。由于其可追溯性明确，庄园名、品种名、收获期等履历都有明确的记录。

杯测（COE）是什么？

此评价始于1999年巴西的世界咖啡豆评价协会，至今，哥伦比亚等生产地仍在使用。经过杯测等审查，入选的咖啡豆才放在网络上进行拍卖，其品质可以与特色咖啡相媲美。最近，在咖啡屋中，也会经常看到这种咖啡。

特种咖啡韵味独特

个性突出的特种咖啡中，有很多都风味独特。除了有巧克力味的坚果类外，还有如橙味或柠檬味的柑橘类、蓝莓味的浆果类等各种类别的风味，不同品牌的咖啡给人们带来的风味印象也不尽相同。让我们一起来享受不同个性的咖啡吧！

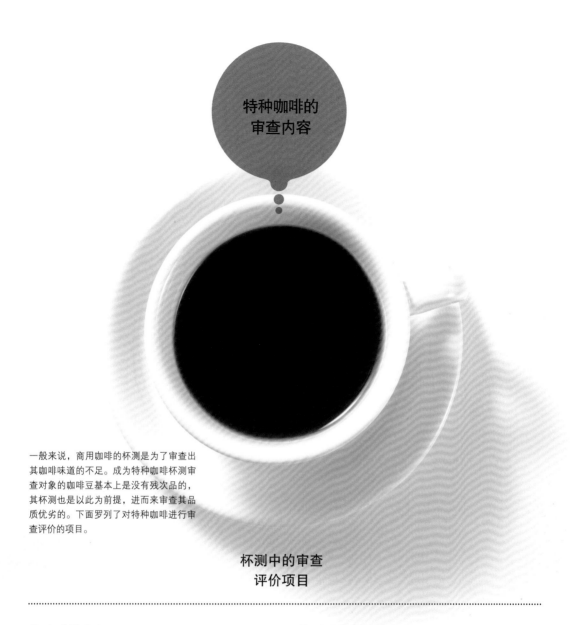

特种咖啡的
审查内容

一般来说，商用咖啡的杯测是为了审查出
其咖啡味道的不足。成为特种咖啡杯测审
查对象的咖啡豆基本上是没有残次品的，
其杯测也是以此为前提，进而来审查其品
质优劣的。下面罗列了对特种咖啡进行审
查评价的项目。

杯测中的审查
评价项目

① 咖啡的美观

指萃取出的咖啡在杯中的状态。咖啡的风味有无不足之处，并
需查看咖啡是否有透明性。

② 含在口中的质感

这是口感品质评价。当咖啡含入口中，舌头是否有润滑的感觉
等。

③ 甜度

咖啡含在口中，其甜味的感觉是如何扩散并持续的，以此进行
评价。

④ 后味的印象度

后味即饮用咖啡后所带来的持久风味。

⑤ 酸味的特征评价

并不是评价酸度的强弱，而是评价酸度的品质。高品质的酸味
是细腻而鲜明的。

⑥ 风味的特性

通过味觉和嗅觉来感受出其产地的特性，如是否拥有其产地特
有的个性。

⑦ 平衡

评价风味是否太过突出或不足。

咖啡豆简介

咖啡生产于以咖啡地带为中心的区域

阿拉伯种　　　　罗布斯塔种

左边的是阿拉伯种，右边的是罗布斯塔种。与轮廓细长的阿拉伯种相比，罗布斯塔种给人们的印象是胖墩墩的。从外形上就能非常清晰地区分。

咖啡属茜草科，是一种热带植物，原产地为非洲。"咖啡（Coffee）"一词源自埃塞俄比亚的一个名叫卡法的小镇。主要产地以赤道为中心，包括赤道在内南北纬25°之间的热带、亚热带区域，这些区域也被称作咖啡地带。世界各地生产着各种各样的咖啡，这里介绍知名品牌和个性突出的咖啡。

咖啡豆虽然被称为"豆"，但其实是一种种子。咖啡树盛开过白色花朵后长出果实，果实中包含了种子，这种种子就是咖啡的原料。

从果实中取出种子进行干燥脱壳后，称作生豆，生豆烘焙后就成为了大家所熟知的咖啡豆。

收获的咖啡果实。由于熟透的果实类似于樱桃，所以也被称作咖啡樱桃。果实中的种子就是咖啡豆。

COFFEE BELT

咖啡有三大种类，分别是阿拉比卡种、卡尼弗拉种、利比里亚种。阿拉比卡种占咖啡总产量的70%，有铁毕卡、波旁、卡杜拉、马拉戈吉佩、帕卡马拉等品种。咖啡店等使用的高品质咖啡多是阿拉比卡种。卡尼弗拉种是罗布斯塔种中具有代表性的栽培品种，占罗布斯塔种总量的30%左右，价格便宜，具有苦味浓厚的独特性，多用于速溶咖啡的增量剂。利比里亚种虽然也有种植，但是产量很少。

关于生产处理

生产处理是指从收获了的咖啡樱桃中提取出种子到加工成生豆的一个过程。代表性的方法有两种，一种是将果实晒干后脱壳的自然法（非水洗式），另一种是把果实放入水槽中，通过浮力的不同进行筛选，之后再用果肉去除机把果肉除去的水洗法（水洗式）。不同的生产处理方法使咖啡豆的品质和风味也随之改变。下图是自然法。

------- 北纬25° -------

赤道

咖啡的种植主要集中在以赤道为中心的南北纬25°之间，这个区域被称作"咖啡地带"。

------- 南纬25° -------

中南美地区

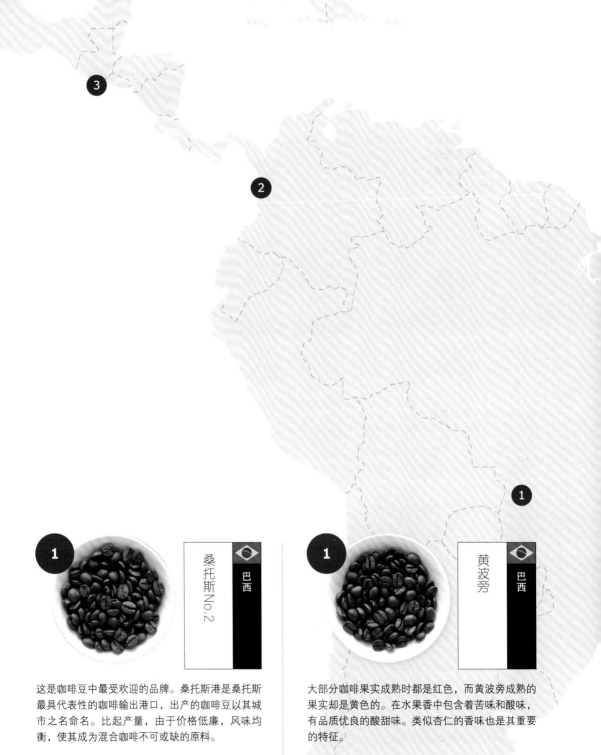

桑托斯No.2

巴西

这是咖啡豆中最受欢迎的品牌。桑托斯港是桑托斯最具代表性的咖啡输出港口,出产的咖啡豆以其城市之名命名。比起产量,由于价格低廉,风味均衡,使其成为混合咖啡不可或缺的原料。

黄波旁

巴西

大部分咖啡果实成熟时都是红色,而黄波旁成熟的果实却是黄色的。在水果香中包含着苦味和酸味,有品质优良的酸甜味。类似杏仁的香味也是其重要的特征。

1　达特拉　巴西

以从生产到输出全程掌控为目标，达特拉庄园始终坚持管理收货以及货运信息，这种特色是与其在世界范围获得咖啡爱好者高度评价密不可分的。后味浓厚，有浓醇的香味。

1　波旁P-BERRY　巴西

P-BERRY是圆豆的意思。通常，咖啡果实中的咖啡都是成对出现的，P-BERRY则只有一颗。由于变异的缘故，其产量只占5%～7%，非常稀少。具有口感良好的酸味和水果的香味。

2　苏帕摩　哥伦比亚

截至2010年，苏帕摩是中南美地区产量第二的哥伦比亚咖啡。苏帕摩咖啡在拉丁语中是"最高级、最高品质"之意。柔软的口感中带有浓厚的香味和甜味。没有什么特殊的味道，因此被大多数人所接受和喜爱。

2　绿宝石山地　哥伦比亚

绿宝石山地是哥伦比亚咖啡中唯一经过严格挑选的最高级咖啡豆才配拥有的名称。是一种在富饶的土地上、充沛阳光的照射下完全成熟的咖啡果实。其风味浓厚，浓重的香味非常适合最高级的咖啡。

2　加尔松　哥伦比亚

在加尔松地区，小规模范围内的农家们沿用着古法生产出优质的咖啡。它拥有如同茉莉花般的芳香、近似柑橘的酸味，甚至还有适当的甜味。均衡的甜味余韵悠长，让人舒心。

3　埃尔卡门　萨尔瓦多

埃尔卡门庄园是经过热带雨林联盟认证的庄园之一，承诺为提高咖啡品质和保护热带雨林而努力。是以温和的口感和果味香气为特征的咖啡。

中南美地区

7

4

5

6

SHB

危地马拉

韦韦特南戈

危地马拉

危地马拉的咖啡多数栽培在山脉的侧面，丰沛的降雨、肥沃的土壤以及适宜的温度使那里的环境非常适合咖啡的栽培。温和口感的酸味和醇厚的风味成为其特征。

危地马拉的韦韦高原地区虽然是高海拔的咖啡栽培地，但从墨西哥刮来的暖风防止了霜害，即使在海拔2000m仍然可以栽培咖啡。以高品质的酸味脱颖而出，以拥有如同红酒般的浓厚芳香为特征。

4

危地马拉

圣塔芭芭拉

三面火山包围的圣塔芭芭拉庄园具有肥沃的火山灰土壤、充沛的降雨量、丰富的日照等好条件。以带着轻微辣味的清爽酸味和流畅的外表为特性。

5

尼加拉瓜

东欧卡塔威咖啡豆

帕卡马拉种咖啡的产量稀少，但是每一粒都浓缩了精华。味道浓醇、香甜，拥有榛子、杉树、香茅以及花的香气。

6

哥斯达黎加

SHB

哥斯达黎加的东面是加勒比海，西面是太平洋，自然环境优越。受到大自然的恩惠，经过水洗法（水洗式）精制的咖啡豆拥有丰富的酸味，味道中性，容易入口。

6

哥斯达黎加

蜂蜜咖啡

剥开咖啡果肉后在保留黏液质的前提下晒干的精制法制作的蜂蜜咖啡，由于保留黏液质晒干的缘故，具有蜂蜜般的甜蜜和醇厚。

7

牙买加

蓝山咖啡No.1

美丽的加勒比海东部牙买加最高峰蓝山出产的咖啡。受地域的限制，产量稀少，价格昂贵。香味、酸味、苦味、甜味以及醇厚度都有很好的均衡，有非常细腻的味道。

7

牙买加

高山

牙买加中部山丘地带所出产的咖啡被称作高山咖啡。不比蓝山咖啡逊色，也获得了很高的评价。拥有柔和的酸味和甜味，温和的风味能给人带来平衡感良好的味道。

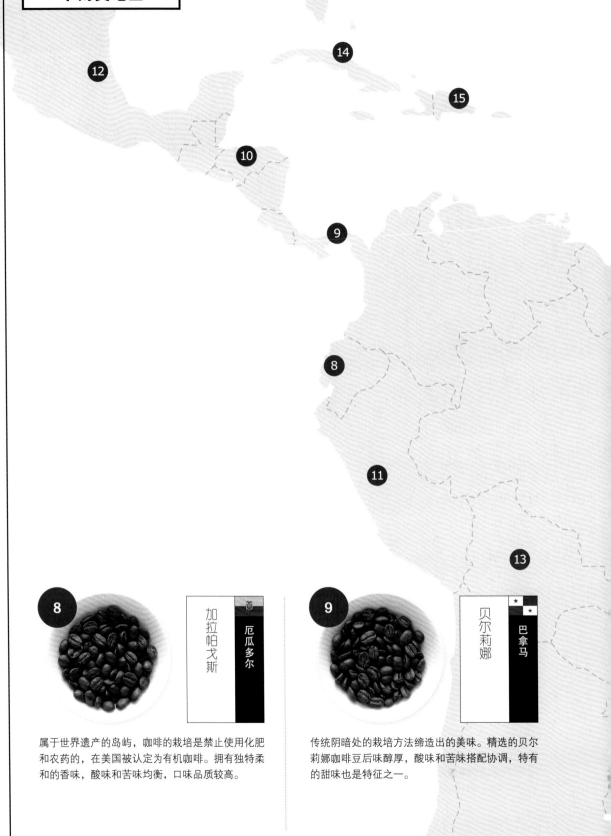

中南美地区

加拉帕戈斯

厄瓜多尔

贝尔莉娜

巴拿马

属于世界遗产的岛屿，咖啡的栽培是禁止使用化肥和农药的，在美国被认定为有机咖啡。拥有独特柔和的香味，酸味和苦味均衡，口味品质较高。

传统阴暗处的栽培方法缔造出的美味。精选的贝尔莉娜咖啡豆后味醇厚，酸味和苦味搭配协调，特有的甜味也是特征之一。

10

HG

洪都拉斯

HG是High grown的缩写，是在海拔900～1200m的高度栽培的阿拉比卡种。咖啡豆粒大，品质等级高。拥有坚果和饼干等的香味。苦味和酸味都很柔和。

11

SAN JUAN DEL ORO

秘鲁

SAN JUAN DEL ORO是秘鲁最古老的农业协会，很久以前就对咖啡种植进行了改良，从而制订出适合其地域、气候、风土的栽培方法。温和的甜味和适度的酸味带来了调和的花香味。

12

AL咖啡

墨西哥

墨西哥的大部分国土都在海拔1000m以上，由山丘地带组成，火山性土壤肥沃。AL咖啡豆本身味道均衡，有果实般的香味以及品质很高的酸味。

13

可芭卡芭娜

玻利维亚

"可芭卡芭娜"是原住民艾玛拉族的语言，有"宝石展望台，眺望湖泊"之意。如同其名一般，可芭卡芭娜周围都能望到湖泊。湖泊带给那里适宜的湿度和稳定的气候，使咖啡豆有如同杏仁般的果仁风味。

14

水晶山咖啡豆

古巴

水晶山咖啡豆之所以得名，是由于它是在盛产水晶的山上栽培的。丰富的酸味和醇厚的味道与加勒比海出产的蓝山咖啡惊人相似。

15

多米尼加豆

多米尼加共和国

加勒比海特有的温暖气候、高海拔地域等自然环境决定了此处出产的咖啡品质都很高。由于没有什么杂味，多米尼加咖啡拥有让人联想到柑橘类的浓郁水果甜香味。

非洲和亚太地区

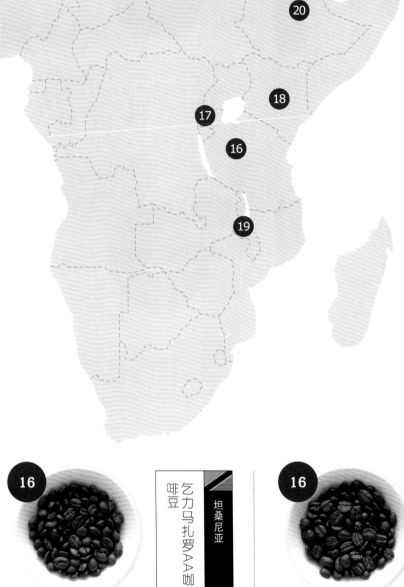

16 坦桑尼亚
乞力马扎罗AA咖啡豆

非洲最高峰乞力马扎罗的山腹内栽培的咖啡豆。拥有等级很高的AA评价、优良品质的酸味以及浓郁的味道，让人舒畅的水果香味也是一大特征。

16 坦桑尼亚
MASAMA乞力马扎罗咖啡豆

位于乞力马扎罗山麓的Kibokikafu庄园栽培的咖啡豆。乞力马扎罗山山峰的雪融化后形成Kikafu河，它的细流就成了庄园的水源。水果的酸味能给人很舒服的感觉，香味也很突出。

17 卢旺达 MIBILIZI咖啡豆

卢旺达的土壤、海拔、气候等条件都非常适合咖啡豆的栽培。其出产的咖啡豆风味丰富且均衡，还有清新的芳香，在咖啡爱好者中也非常受欢迎。

17 卢旺达 阿拉比卡波旁咖啡豆

自然条件优越的卢旺达被称作"千丘之国"，其特有的环境孕育出的咖啡柔和而均衡，酸味和甜味适中，这也成为它的一大特征。拥有如同蜂蜜般的香甜以及花的香味，极易入口。

18 肯尼亚 AA咖啡豆

在海拔1500～2000m高度的火山岩质高地栽培种植的咖啡。这里土地肥沃且气温稳定，非常适合咖啡的栽培。拥有如同熟透果实的酸味和醇厚的口感，受到许多咖啡爱好者的青睐。

19 马拉维 瑰夏咖啡

瑰夏是咖啡的一个品种。只在非常少的地区栽培，产量稀少。其特征是水果的味道和清淡的酸味以及让人舒服的甜味，味道醇厚，有一种迷人的花香。

20 埃塞俄比亚 伊尔加查菲

在茂密的遮罩树下的日阴面栽培，凉爽的气候为咖啡的种植提供了良好的自然环境。伊尔加查菲特有的花香以及高产地特有的鲜明酸味是其最大的特征。

21 也门 摩卡玛塔利咖啡豆 No.9

位于阿拉伯半岛的也门有着"幸福的阿拉伯"之称，是阿拉伯半岛中自然条件最为优越的地区。也门咖啡味道芳香，作为摩卡咖啡的精品受到了很多咖啡爱好者的喜爱。其中"No.9"为最高级。

非洲和亚太地区

曼特宁G1

印度尼西亚

在多高山和火山的苏门答腊岛上出产的曼特宁咖啡，是在火山质肥沃土壤以及高山万年积雪环境中栽培出的优质咖啡豆。独特的酸味与浓郁的味道以及特有的苦味为其特征。"G1"是最高级别。

有机盖奥山咖啡豆

印度尼西亚

在印度尼西亚的盖奥高地盛产的高品质咖啡一直不为人知。但是，通过有机栽培，人们知道了这里出产风味和香味相均衡的咖啡豆，从而一跃成为世界级别的高级咖啡。

22 **印度尼西亚**

WIB1罗布斯塔豆

采用水洗式精制法，拥有世界级高品质的评价。由于特有的罗布斯塔种的浓厚苦味，在混合咖啡时会少量使用。另外，由于抽出量多，因此多用于冰咖啡。

23 **美国**

夏威夷可纳特好可纳咖啡豆

可纳咖啡是出产于夏威夷可纳地区的咖啡豆，特好可纳咖啡是其中最高品级的一种。柔滑细腻的酸味使其被评为世界最高级的咖啡之一。由于产量稀少，所以价格昂贵。

24 **巴布亚新几内亚**

新几内亚王·M咖啡

这里是冷热分明的高品质咖啡的产地。从5月到10月的干燥时期暴晒咖啡豆，仔细除去瑕疵豆。肥沃的火山质土壤与适合咖啡栽培的气候条件孕育出了此咖啡浓厚的味道。

25 **越南**

阿拉比卡宋拉咖啡豆

宋拉出产的阿拉比卡咖啡豆颗粒大、果肉薄、种子大，酸味和外形都非常优质。其风味如荔枝和杏仁般浓厚，并带有甜酸的味道。

26 **马来西亚**

赖比瑞亚咖啡豆

在果实成熟耗时较长、咖啡豆的大小不一、管理和收获困难等的因素下，这种梦幻般的咖啡只有1%左右在世界上流通。拥有着如同可可豆被烧制前的香气以及浓郁的味道。

27 **中国**

云南咖啡豆

云南省位于海拔1000m的高原上，昼夜温差大，非常适合咖啡的栽培。香味清雅，味道均衡，是亚洲最具代表性的一种咖啡豆。

风味变换的技巧

理解风味变换的技巧，掌控咖啡风味

前面我们说过，咖啡苦味和酸味的平衡虽然根据烘焙度的不同而决定了其大致的风味，可是在冲泡咖啡时如果受到一些相关因素的影响，咖啡风味也会发生改变。具体说来，除了"烘焙度"外，"研磨状态""热水的温度""注入热水的速度（抽出咖啡的速度）"都是影响风味的要素。

平衡的变化状态如下页图表所示，为了能够记住这个技巧，需要对咖啡苦味和酸味成分的性质进行进一步的了解。酸味的成分会较早地溶入热水，而苦味成分则溶解较慢。另外，酸味成分在水温较低的热水中也可以溶解，相比之下，苦味成分则需要在水温较高的热水中才能溶解。

向同样中深烘焙的咖啡豆中注入热水来比较一下吧。如果注入热水较快，由于苦味成分溶解较慢，萃取的咖啡酸味就会很重；如果注入热水缓慢，苦味成分得以溶解，则苦味会较重。另外，即使快速注入热水，如果水温较高则苦味加重，水温较低则酸味较浓。

咖啡粉研磨得越细，苦味就会越重。这是由于咖啡粉体积小，缓慢的溶解使得苦味成分能充分溶解到热水中。熟练地掌握"烘焙度""研磨状态""注入热水的速度"这些技巧就能够冲泡出理想的味道。

咖啡粉的分量一定要用秤来称量

由于咖啡的味道会根据咖啡粉的分量产生变化，因此要尽量称取重量。咖啡豆的计量虽然一般使用较大的汤勺，但并不是看体积，而是以重量为基准的，用秤来称比较理想。因为，咖啡豆的烘焙度不同，其水分含量也是不同的，同体积的咖啡豆重量会发生变化，因此，应该称重以保证冲泡出理想的味道。

影响苦味和酸味平衡的各个要素

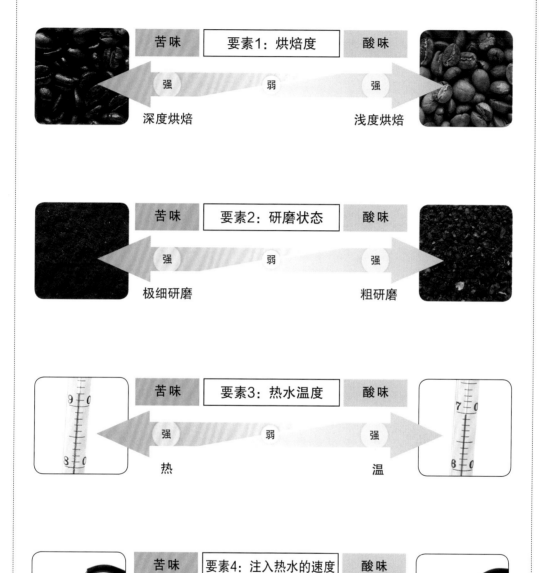

苦味　｜要素1：烘焙度｜　酸味

强　　　弱　　　强

深度烘焙　　　浅度烘焙

苦味　｜要素2：研磨状态｜　酸味

强　　　弱　　　强

极细研磨　　　粗研磨

苦味　｜要素3：热水温度｜　酸味

强　　　弱　　　强

热　　　温

苦味　｜要素4：注入热水的速度｜　酸味

强　　　弱　　　强

慢　　　快

咖啡的味道被萃取时咖啡的研磨状态、热水温度等要素所左右。如果能够熟练地把控这些要素，就可以冲泡出想要的味道。

用纸质滴液漏斗（圆锥形滴漏器）冲泡咖啡

视频讲解

圆锥形滴漏器的魅力

纸质滴液漏斗可简单享受冲泡咖啡的乐趣，是一种大多数人喜爱的冲泡方法。同时，注入热水的方法和时间等如果不同，咖啡的味道也会发生根本变化，这也是一种深奥的冲泡方法。

圆锥形滴漏器是纸质滴液漏斗中比较新型的滴漏器，近年来使用它的人不断增多。它的特征是，其形状能充分显示出滴漏器上肋骨状痕迹的作用。圆锥的形状可以使热水被注入时集中地流入中心部位的大孔中。这里所介绍的是Hario式圆锥形滴漏器，其刻痕在内侧全范围延伸，长的刻痕中夹杂着短的刻痕。滤纸与滴漏器之间留有空隙，蒸煮咖啡时使热气得以溢出，咖啡粉充分膨胀。这与布质滴液漏斗的原理相同，使咖啡粉充分膨胀，从而冲泡出美味的咖啡。

滴漏式冲泡咖啡的关键步骤是充分地蒸煮以及观察咖啡粉的膨胀状态。充分的蒸煮，确保热水顺畅地滤过咖啡粉，成分就可以很好溶解。所以，是否进行了蒸煮会使风味和香气出现很大的差别。另外，蒸煮后注入热水时，通过对咖啡豆膨胀的观察，选择何时注入热水，也会左右咖啡的味道。

粗糙的冲泡不会冲泡出美味的咖啡，而细致有耐心的冲泡才能冲泡出美味的咖啡，这是用纸质滴液漏斗冲泡咖啡的乐趣。由于能够突显出个性，因此请亲手冲泡咖啡，追求独特的美味吧！

材料（1杯）	
咖啡粉	15g
热水	160mL
研磨状态	中细研磨
烘焙度	浓度烘焙至城市烘焙

道具

① 圆锥形滴漏器（Hario式） ② 咖啡壶 ③ 水壶
④ 圆锥形纸质过滤器

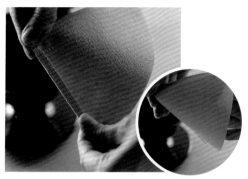

01 将纸质过滤器沿接缝处折起，内侧彻底伸展开，捏住有折痕一侧的尖端并整理形状，这样就可以轻易地把纸质过滤器安装到滴漏器上。

02 把安装好纸制过滤器的滴漏器放到咖啡壶上，注入热水。如果介意纸的味道，可以如上图所示注入热水，以减轻纸的味道。把咖啡壶中的热水再倒入咖啡杯中，达到温杯的效果。

03 放入计量过的中细研磨咖啡粉，为了使热水均衡浸透，尽量保持咖啡粉的平衡轻轻倒入。咖啡粉的分量是1人份15g，之后每增加1人递增10g。

04 用93℃左右的热水从咖啡的中央开始注入，一边以画圈的形式注入，一边蒸煮20~30秒。这样热水就可以顺畅浸透，成分也可以轻易溶解。这时应注意，不要把热水洒到纸上。直到咖啡壶开始滴落数滴咖啡时停止注水。

05 如果热水的注入方法正确，并彻底地进行了蒸煮，咖啡粉就会呈汉堡包状膨胀。咖啡粉没有膨胀可能由以下原因造成：碳酸气体被蒸发，没有保持住鲜度，蒸煮不充分，热水注入时不均匀等。为了充分蒸煮，在注入热水时要以画圈的方式注入。

06 咖啡粉在经过一段时间的汉堡包状后中央部分会塌陷下去。

07 中央部分塌陷下去后继续注入热水，为了保持最初的膨胀高度，要断断续续地反复注入热水。

10 轻轻摇动咖啡壶，使咖啡浓度均一。

08 为了保证从水壶中注入的热水量，手腕要上下移动，当水往深处注入时手腕往上，当水往近处注入时手腕向下（具体动作请参照视频）。

11 倒入咖啡杯中，完成。

09 反复注入热水后，中央部分将会出现白色的泡沫。这些泡沫中混有杂味，为了不使其混入咖啡，要尽量从低处注入热水。咖啡壶中的水量达到一定量后，把滴漏器拿开。

Hario式与Kono式

圆锥形滴漏器主要包括书中使用的Hario式以及Kono式。这两种滴漏器的主要区别在于，从底部延伸到顶部的肋骨状刻痕，Kono式的刻痕到一半就没有了，而Hario式滴漏器的刻痕则比较多，呈螺旋状一直盘旋到顶部。Hario式滴漏器可以旋转着往咖啡粉中注入热水，而Kono式只能以中央一点为中心注入热水。

纸质滴液漏斗（三孔式滴漏器）的冲泡方法

冲泡效果误差小的三孔式

下面介绍与圆锥形滴漏器拥有不同特征的三孔式滴漏器。虽然三孔式与圆锥形的冲泡方法没有太大的区别，但是由于二者形状的差异，所使用的过滤器以及冲泡出的咖啡味道是不同的。

三孔式是台状，所以其使用的纸质过滤器与圆锥形不同。同时，使用三孔式滴漏器时，从滤纸渗出的抽出液会在滴漏器中停留后再滴落到咖啡壶中，所以咖啡粉和热水的接触时间较长，味道容易调整。但需要注意的是，由于接触时间过长，容易导致杂质混入。

圆锥形滴漏器的中央部分孔穴较大，注入的热水会向中央集中浸透咖啡豆。由于咖啡液直接从滤纸滴入咖啡壶，虽然会有萃取不足的情况发生，但是这种冲泡方法很容易控制咖啡风味，这也是其最大的优点。

综上所述，三孔式和圆锥形滴漏器有各自的长处和短处，冲泡出的咖啡也就各具特色。

三孔式和圆锥形到底哪个更好，这要根据个人爱好来说。如果将两种方法都学会了，你对咖啡的认识将更加深入。另外，分别饮用两种方法冲泡出的咖啡，体验其中的不同，其实也是一种乐趣。一定要两种方法都试试看，然后选择出适合自己的咖啡冲泡方法。

材料（1杯）
咖啡粉·······································15g
热水·······································160mL
研磨状态·······································中细研磨
烘焙度·······································浓度烘焙至城市烘焙

道具

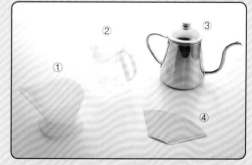

① 三孔式滴漏器　② 咖啡壶　③ 水壶　④ 纸质过滤器

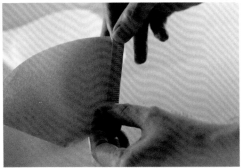

01 把纸质过滤器沿接缝向相反方向对折，对折后把内侧彻底展开，如上图所示，指端从中心向两角压下的同时，抓住纸质过滤器外侧对角。

03 和圆锥形滴漏器一样，用热水温壶后再放入中细研磨咖啡粉（1人份倒入15g），以中央为中心，画椭圆形注入热水，浸湿咖啡粉后，蒸煮20～30秒。这时要注意，如果开水倒在滤纸上，咖啡粉将不能被蒸煮。持续注入热水，保持咖啡粉的汉堡包形状不被破坏，如果出现了塌陷，在保证膨胀高度的前提下，反复注入热水。

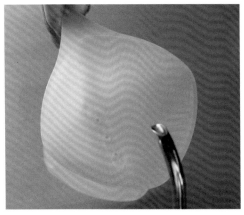

02 注入热水时，滴漏器的孔穴方向要与水壶注入热水的方向保持一致。这样既可以防止热水喷溅到两壁，也可以防止不必要的浸透。

04 达到了想要冲泡的咖啡量，轻摇咖啡壶使其浓度保持均一后，将咖啡倒入咖啡杯。

冰咖啡（圆锥形滴漏器）的冲泡方法

视频讲解

简单制作炎热时节最想要饮用的饮品

炎热时节饮用一杯冰咖啡，一定会比平时更觉美味吧。在这里我们将用p34学到的圆锥形滴漏器使用方法来冲泡冰咖啡。

当口中冰冷的时候，人的味觉会变得迟钝，所以我们使用苦味较重的深度烘焙咖啡豆。冲泡方法和圆锥形纸质滴液漏斗一样，以不破坏咖啡粉的汉堡包形状来缓慢地注入热水吧。

材料（1杯）	
咖啡粉	15g
热水	160mL
冰块	3～4个
研磨状态	中细研磨
烘焙度	法式烘焙至意式烘焙

道具

① 圆锥形滴漏器（Hario式） ② 咖啡壶
③ 水壶 ④ 圆锥形纸质过滤器

01
咖啡壶中放入冰块，以一玻璃杯3～4块为标准。

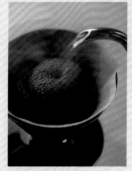

03
用p34中的要领进行冲泡。注意，是否完全膨胀会影响到风味。深度烘焙的咖啡豆容易膨胀，以不破坏其形状为前提缓慢注入热水。

02
和p35的01、02同样的步骤。将计量后的中细研磨咖啡粉轻轻倒入，分量是1人份15g，之后每增加1人咖啡粉递增10g。

04
在玻璃杯中放入冰块。达到想冲泡的咖啡量后，移开滴漏器。为使浓度和温度均一，轻摇咖啡壶。萃取后，取出残留的冰块，可以在冰箱中保存1～2天。

布质滴液漏斗的冲泡方法

与美味相关的蒸煮程度

视频讲解

布质滴液漏斗的冲泡方法在咖啡爱好者中很受欢迎。这里的布质是柔软起毛的针织物绒布的简称。

虽然和纸质滴液漏斗的原理一样，但是不同于一次性的纸质过滤器，一个绒布的布质过滤器可以萃取咖啡30～50回，这一点非常符合现代的环保理念。

布质过滤器与滴漏器不同，是口袋的形状，没有阻碍膨胀的四壁，蒸煮时咖啡粉可以得到充分的膨胀，效果非常明显。此外，比起纸质过滤器，布质过滤器的孔眼更粗大，滤过的速度更快，咖啡液更容易滴落，萃取的咖啡相对清淡。但如果使用细度研磨的咖啡粉，咖啡粉就会堵塞过滤器，从而被大量消耗掉，所以使用中度研磨的咖啡粉最为合适。

由于布质滴液漏斗的过滤器会被反复使用，所以它的护理是很重要的。冲泡前要彻底煮沸，冲泡后要用水清洗并煮沸，然后浸入水中放入冰箱待用。虽然有点麻烦，可是享受布质滴液漏斗的乐趣才是最重要的。

这里介绍的冲泡方法只是一个例子，不同的咖啡屋有不同的冲泡方法，比如也会使用粗研磨的咖啡粉，点滴般注入热水。由于是古老的冲泡方法，各有各的特点，因此体会这些特点的不同也是一种乐趣。

材料（1杯）

咖啡粉	15g
热水	150mL
研磨状态	中度研磨
烘焙度	浓度烘焙至城市烘焙

道具

① 布质过滤器　② 咖啡壶　③ 水壶

01 把在水中浸泡保存的布质过滤器煮沸5分钟。在使用新的布质过滤器时，为防止胶剂脱落，要进行彻底煮沸。

03 取出充分煮沸的布质过滤器，用毛巾等把水分沥干。

02 用热水温咖啡壶，然后再把热水倒入咖啡杯中以温杯。

04 过滤器趁热安装到咖啡壶上。

05 把中度研磨的咖啡粉轻轻放入过滤器中。咖啡粉的分量是1人份15g，之后每增加1人咖啡粉递增10g。

07 中央部分开始塌陷后，保持膨胀的高度继续注入热水。达到目标量后把布质过滤器移开。搅拌咖啡，使浓度和温度均一，将咖啡倒入咖啡杯。

06 与纸质滴液漏斗的冲泡方法一样，以中心向外画圈式注入热水，焖煮20～30秒。注意不要把热水倒入棉布和咖啡粉的接触处。充分蒸煮后，从中心开始画圈继续注入热水。

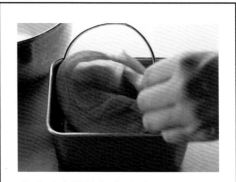

布质过滤器的保存方法

清洗布质过滤器时，不要使用清洁剂，仔细地用水清洗。煮沸后，再浸泡到水中放入冰箱保存。由于干燥后会产生气味，所以一定要浸泡在水中保存。使用次数以30～50次为标准。

|一|个|要|点|

砂糖和奶油

以与咖啡风味相协调为要点来选择

适合咖啡的砂糖精细度要高，没有怪味，松散且容易溶解的砂糖最具代表性。其优点是既不损害咖啡本身的味道，量的增减也很容易控制。多用于咖啡的还有方糖和咖啡糖，由于溶解缓慢，可以享受甜度变化的乐趣。咖啡糖与焦糖风味的调和也是很有趣的。总的来说，没有怪味的砂糖比较合适，但是对于讲究风味变化的花式咖啡，使用枫糖或者红糖也是不错的主意。

奶油分为植物性奶油和动物性奶油。后者由于是乳脂肪，加入咖啡中会有怪异的味道。乳脂占20%～30%的奶油比较适合用于普通咖啡，而占40%左右的适合作为打发的鲜奶油，多用于花式咖啡等。植物性奶油比动物性奶油更清淡，也有干燥的粉状形态。

砂糖
精细度高，松散，没有怪味，可以完全激活咖啡的味道。

咖啡糖
颜色是焦糖色。可以享受咖啡和焦糖调和的美味。

生奶油(动物性奶油)
咖啡与乳脂在20%～30%的奶油相匹配。不能过重，有适度的醇香。

植物性奶油
液剂型的奶油，基本上全是植物性油脂。因为较清淡，可以在不想要咖啡太醇厚时使用。

用虹吸瓶冲泡咖啡

视频讲解

按照自己的需求，掌控咖啡细致入微的味道所带来的妙趣

　　将烧杯、烧瓶放在酒精灯上冲泡咖啡，这种形式独特的冲泡方法就是虹吸瓶冲泡法。它仿佛让你置身于理科实验当中，看着逆流而上的咖啡，体验别样的乐趣。

　　虹吸瓶冲泡法是利用气压使适温的热水与咖啡接触而萃取咖啡。它的特征是可以享受到咖啡的原味。另外，因为使用的是酒精灯，所以与其他冲泡方法有很大的区别。使用其他方法冲泡咖啡时，随着时间的流逝，咖啡液的温度会慢慢下降，而虹吸瓶冲泡法使用了酒精灯，即使是在冲泡时温度也不会下降。但如果火力调整不当，就会有苦味出现，所以要高度关注。另外，烧瓶被弄湿后，可能导致器具的损坏。因此道具的维护也非常重要。

　　萃取的时间以及搅拌的时机都会影响咖啡的味道。冲泡方法会影响咖啡细致入微的味道，这也是虹吸瓶冲泡法的奥妙所在。换一种说法，如果热水的量以及萃取时间等保持一致，冲泡出的咖啡味道也很容易保持一致。

　　以前会经常在咖啡屋看到这种冲泡方法，但由于准备器具很费时间，因此慢慢地不再受到欢迎。最近，由于其有很高的演出效果而再次受到瞩目，频繁出现于国际性的大赛中。一旦开始使用这种方法来冲泡咖啡，就会爱不释手，这也是虹吸瓶冲泡法的魅力所在吧。

材料（1杯）

咖啡粉	15g
水	150～160mL
研磨状态	中细度研磨至中度研磨
烘焙度	微中烘焙至浓度烘焙

道具

①烧瓶　②烧杯　③过滤器　④酒精灯　⑤竹刀
⑥定时器

01 过滤器在足够量的热水中煮沸5分钟后，放入烧杯。过滤器的链子通过烧杯管壁向下拉动挂上钩。进行微调，以保持过滤器放置在烧杯中央部位。

02 热水倒入烧杯、烧瓶中以温杯、温瓶。在烧瓶得以温瓶后，把烧杯中的热水倒入杯中以温杯。

酒精灯的使用方法

开始使用酒精灯时，首先要把酒精放入容器中，再把酒精灯芯插入酒精灯，用镊子拉下瓶内部分的灯芯，使酒精灯芯完全被酒精浸透。把灯芯点燃，拿镊子和"V"字形夹一点点拽出灯芯以调节火力。火焰的顶端能碰触到烧瓶的底部是最理想的火力。因为要用火，所以一定要好好阅读包装上印制的注意事项。

03 点燃酒精灯，烧瓶中放入热水。1杯咖啡的热水水量为150～160mL。

04 如果烧瓶底部潮湿会造成器皿损坏，所以要擦拭干净后再加热。另外，加热空的烧瓶也有可能发生意外，一定要把热水注入烧瓶内后再加热。

05 彻底沥干烧杯中的水汽后再将其挂在烧瓶上。

06 放入中度研磨到中细度研磨的咖啡粉。咖啡粉的量大概保持在1人份15g，2人份24g。

要注意过滤器是否有偏差

如果过滤器没有安装稳固，空气就会漏入，所以要用竹刀进行微调。

08 通过观察泡沫层的状态，调整搅拌次数、火力以及萃取时间。用正确的冲泡方法冲泡新鲜的咖啡粉时，由于二氧化碳的原因，咖啡液上部会产生丰富、细腻的气泡，占咖啡液的1/3~1/4。如果泡沫层中有较大的气泡存在，说明搅拌不足或是酒精灯的火力过强。泡沫层薄，就容易提取成分，萃取时间调整得短些；泡沫层厚，萃取时间调整得长些，并要充分搅拌。但如果萃取时间超过1分钟，就会有杂味出现。萃取完成后，熄灭酒精灯，在咖啡液滴落前再搅拌6~8次。

09 当烧瓶中的空气完全逆流，咖啡液完全滴落进烧瓶时，过滤完成。

07 当烧瓶中的热水沸腾后，把烧杯彻底插入烧瓶。当热水逆流而上进入烧瓶与咖啡粉混合时，用竹刀快速搅拌6~8次。注意搅拌时不要碰触到过滤器。搅拌完成后，开始计时，以40秒左右为标准。

10 确认过滤完成后，应摁住连接处，倾斜着拿出烧杯。

11 将咖啡倒入咖啡杯。萃取完咖啡后，如果烧杯中残留的咖啡粉呈半圆形屋顶状（如同圆形图片所示），则说明冲泡出的咖啡非常美味。

过滤器的用后处理

过滤器的保存方法和布质滴液漏斗一样。仔细清洗后用热水煮沸，然后浸入水中并放入冰箱内保存。

用于冲泡冰咖啡

用虹吸瓶冲泡冲泡法冲泡冰咖啡时，冲泡方法是一样的，但是咖啡粉的用量不同。同等分量的热水要使用双倍分量的咖啡粉。由于咖啡粉的分量很多，搅拌时会比较困难，所以萃取时要增加搅拌次数。将咖啡倒入放有冰块的玻璃杯中，冰咖啡的冲泡就完成了。

咖啡机

用咖啡机冲泡美味咖啡的技巧是什么

咖啡机最大的魅力在于使用简单，整个冲泡过程都可以交给机器。由于改变烘焙度、咖啡粉分量以及研磨状态都可以调整味道，所以可根据自己的喜好进行调整。看似冲泡都交给了机器，好像并没有什么技巧，但是稍加改动使用机器的方法就能冲泡出更加美味的咖啡。例如，冲泡前通过热水循环就是一种技巧。在给水器中放入热水，通过热水循环对机器内部和咖啡壶进行预热，这样可以有效去除机器的气味。虽然只是试运行，但是萃取的咖啡会变得更美味，不妨试试看。

材料（1杯）

咖啡粉·························· 12g
水量·························· 150mL
研磨状态·············· 中细度研磨至中度研磨
烘焙度·············· 微中烘焙至城市烘焙

咖啡机出现污渍使冲泡出的咖啡味道发生变化时，可以选用咖啡机专用清洗剂进行清洗。咖啡机专用清洗剂的主要成分是柠檬酸。把它溶解在水中后倒入给水器，然后过热水。

01

不安装过滤器也不放入咖啡粉，先向给水器中注水，摁下开关，通过热水的循环去除机器的气味。

02

和纸质过滤器（三孔式）一样，把纸质过滤器两端向相反方向互折。

03

安装上纸质过滤器，放入适当分量的咖啡粉，给水器开始注水，萃取咖啡。如果使用的是没有蒸煮功能的咖啡机，建议在咖啡液开始滴落数滴后，先关闭开关，蒸煮20秒后再打开开关。

法式滤压壶的冲泡方法

释放咖啡的原味，简单的冲泡方法

视频讲解

法式滤压是一种简单而独特的冲泡方法，它是把经热水长时间浸泡出的咖啡液通过过滤器滤压，将咖啡粉和咖啡液分离的一种方法。因为法式滤压的操作简易，并且完整保留了咖啡的原本风味，因此它可以与精品咖啡完美搭配，从而受到瞩目，近年来使用的人开始不断增多。由于法式滤压壶多用于冲泡红茶，或许会给人一种红茶专用的印象，但实际上，它原本是为冲泡咖啡而设计的器具。冲泡方法是，把中度研磨或者粗研磨的咖啡颗粒放入壶中，倒入热水浸泡。放置一段时间后，压下被称作滤压网的金属过滤器，把咖啡粉和咖啡液分离。这个方法最大的特点是，咖啡粉在热水中长时间浸泡且被压缩提取，咖啡豆的油脂很好地融入咖啡中，冲泡出的咖啡可以完整呈现其原有的香味。由于直接受到咖啡豆品质好坏的影响，因此不同的咖啡豆冲泡出的咖啡味道会非常明显地被显现出来。在享受精品咖啡原料魅力的同时，鲜度、地区、土壤、气候等特色（咖啡生长的自然环境）也会被非常彻底地展现出来。

能够享受到咖啡原料所带来的不同风味正是法式滤压的一大特征。

材料（1杯）

咖啡粉	10g
热水	150mL
研磨状态	中度研磨或粗研磨
烘焙度	微中烘焙至中深烘焙

器具

① 滤压壶
② 滤压网
③ 计时器

01 将滤压网从滤压壶中取出，倒入热水以温壶，再把热水倒入咖啡杯中以温杯。

04 30秒后，注入规定量的热水。1杯咖啡所需咖啡粉和热水的量分别约为10g和150mL，2杯量分别约为18g和300mL。

02 在壶中放入中度研磨或粗研磨的咖啡粉，要轻轻放入使咖啡粉保持水平。计时器调整到4分钟。

05 剩不到1分钟的时候，装上滤压网。

06 最后30秒的时候，压下滤压网。请注意，如果压得太快，咖啡中会混入细粉。

03 注入热水，使水量漫过咖啡粉，让水温保持在93℃~95℃。注入热水后，摁下计时器。放置焖煮30秒。

07 如果要倒入多个咖啡杯，可以循环倒入，以保持咖啡浓度的均一。也可以先把咖啡倒入其他的器皿中。

针筒咖啡壶（浓缩式）的咖啡冲泡方法

视频讲解

根据不同的冲泡方法，冲泡出自己喜爱的味道

针筒咖啡壶使用方便，而且同一个器具可以冲泡出浓缩式和滴漏式两种不同风味的咖啡。针筒咖啡壶的形状很像注射器，这也是它的特征，近年来使用的人数急速增加。

针筒咖啡壶通过压下滤筒，从浸入热水的咖啡粉中萃取咖啡，与法式滤压壶的原理相同。被滤压的咖啡豆渗出油脂，在咖啡液中完整呈现了咖啡豆本身的香味。与法式滤压壶不同的是，它是利用空气的压力来萃取咖啡的。

针筒咖啡壶可以控制冲泡方法，从而改变咖啡的味道，这是它的一大优点。例如，减慢滤压的速度，让咖啡粉和热水的接触时间更长，咖啡液的味道就会变得浓厚；相反，想要冲泡清淡味道的咖啡时，可以快速滤压。但是不管用什么样的冲泡方法，水平摁压滤筒是非常重要的。如果倾斜着用力，就不能完全压入，萃取不完全的情况便会发生。

根据搅拌的时机和浸泡时间的长短来改变咖啡的风味，让我们来学习这种充满个性的冲泡方法吧。

材料（1杯）	
咖啡粉	20g
热水	80mL
研磨状态	细度研磨
烘焙度	城市烘焙至法式烘焙

道具

① 滤筒　② 过滤托　③ 咖啡壶　④ 过滤器
⑤ 漏斗　⑥ 搅拌桨　⑦ 计时器　⑧ 温度计

01 滤筒中注入热水。如果是双倍浓缩咖啡，热水的量为80mL。滤筒上刻的不是刻度线，这使分量的计量变得困难，因此要把滤筒放到计量器上注入相当于80mL的热水。

04 针筒壶中放入细度研磨的咖啡粉。

05 针筒壶在棉布上轻磕，使咖啡粉平衡。

02 最适宜萃取的温度为80℃，先放置至温度达到80℃。为了使过滤纸不起波纹，要稳固地把盖子拧到过滤器上，按到过滤托上。

06 水温到达80℃时注入针筒壶。

03 把针筒壶安装到咖啡壶上，通过热水循环来预热器具。充分预热后，把滴落至咖啡壶中的热水倒入咖啡杯中以温杯。

07 缓慢注入热水，保持咖啡粉平稳。

08 注入热水后，用搅拌桨快速搅拌约10秒钟。

11 完全压下滤筒后，移开滤筒，摇动咖啡壶使咖啡液浓度均衡，再将咖啡液倒入咖啡杯。

09 搅拌完后，把滤筒安装到针筒壶上。

10 用20～30秒的时间缓慢压下滤筒。要注意下压的速度，速度过快会使咖啡液中混入微小颗粒的咖啡粉，速度过慢则会造成萃取过度或压力不足。由于咖啡壶受到的压力很大，所以最好选择强度较强的咖啡壶。

针筒咖啡壶的清理方法

萃取后的咖啡粉，是被压缩了的（如上图所示），摁下滤筒就能清除，处理方法非常简单。

针筒咖啡壶（滴漏式）的咖啡冲泡方法

视频讲解

应用广泛反转式

　　下面介绍针筒咖啡壶的另一种冲泡方法——滴漏式。滴漏式的最大特征是用反转形式来冲泡咖啡（反转是上下相反的意思）。滤筒插入过滤托后倒置，放入咖啡粉和热水，盖上过滤盖，再在上面放置咖啡壶。快速颠倒滤筒，压下滤筒以冲泡咖啡。滴漏式冲泡法集合了充足浸泡时间的虹吸瓶冲泡法、通过滤纸进行过滤的滤液漏斗式冲泡法、通过滤压来萃取咖啡的法式滤压壶冲泡法这三种冲泡方法的要素，因此应用非常广泛，同时也可以享受到充满个性的冲泡方法所带来的乐趣。

　　前面我们已经说过，浓缩式冲泡法的魅力之一在于事后的清理工作非常简便。使用后，将过滤盖摘去，压动过滤瓶，使其中的咖啡粉得以压缩，然后只需把这些成块的咖啡粉处理掉就完成了。

　　反转式咖啡冲泡法受到越来越多人的喜爱。2008年，Tim Wen Delvaux（凭借反转式咖啡冲泡技法在2004年世界级咖啡竞技大赛中获得优胜）在自己的咖啡店举办WAC（世界爱乐压大赛）。据说，在2010年举办的WBC（世界咖啡师大赛）中，大部分参赛者都来自于2008年的WAC优胜者。

材料（1杯）

咖啡粉	15g
热水	150mL
研磨状态	中细研磨
烘焙度	微中烘焙至城市烘焙

道具

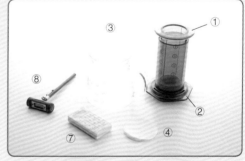

① 滤筒　② 过滤托
③ 咖啡壶　④ 滤纸
⑤ 漏斗　⑥ 搅拌桨
⑦ 计时器　⑧ 温度计

01 在过滤盖中放入滤纸,安装到过滤托上。

05 达到最适温度后,将中细研磨的咖啡粉倒入。

02 过滤托安装到咖啡壶上,通过热水循环来预热器具并进行温杯。

03 拧下过滤盖,滤筒插入过滤托,到刻度4为止,然后再上下翻倒。

06 用搅拌桨快速搅拌10次左右。搅拌结束时按下计时器开关,开始计时。

04 向过滤托中注入150mL热水。由于过滤托的刻度不够精确,需要我们提前计量。在等待热水达到最适温度80℃的期间设定计时器,定时30秒。

07 沥干过滤盖的水分后,将过滤盖安装到过滤托上。

08 30秒后，将咖啡杯倒置，安装到过滤盖上并快速颠倒过来。

10 完全压下后，将滤筒从咖啡壶上取走。摇晃咖啡壶以使咖啡浓度均一。

09 用20～30秒的时间缓慢压下滤筒。由于咖啡壶受到的压力很大，所以最好选择强度较强的咖啡壶。

11 将萃取的咖啡倒入咖啡杯，冲泡完成。

家用意大利浓缩咖啡机的咖啡冲泡方法

视频讲解

品味浓缩咖啡豆的美味

意大利浓缩咖啡在意大利语中是"急行、快速"的意思。意大利浓缩咖啡的冲泡方法与一般咖啡不同，细度研磨的咖啡粉通过蒸气的压力萃取出咖啡，并如同其名一样，能快速萃取。

家用浓缩咖啡机与专业的区别是机器的气锅动力不同。但是，与老式咖啡机相比，现在各个厂家所研发的家用浓缩咖啡机都很不错，虽是家用咖啡机，但也绝不输给专业咖啡机，使我们能够轻易享受到专业咖啡机带来的乐趣。冲泡美味浓缩咖啡有两大要点：一是极细研磨的咖啡粉通过夯压的程序把填入过滤器中的咖啡粉压实；二是萃取完咖啡后，咖啡液上会形成泡沫状的油沫。如果夯压不够实，就会由于不均匀而使咖啡的味道不均衡。另外，美味的浓缩咖啡会产生浓厚的油沫，在恰当的方法下冲泡的浓缩咖啡，其表面会形成坚果色般纹理细致的油沫，也会溢出甜味。

另外，冲泡拿铁咖啡时，油沫也是必不可少的。如果在没有油沫的状态下注入奶泡，咖啡表面将只能呈现浑浊的白色。正是因为有油沫，咖啡表面才能勾勒线条、绘出图样。精致的拿铁咖啡要靠好的油沫才能冲泡而成。

咖啡豆的香味被浓缩后冲泡而成的浓缩咖啡，其香气和香味都与其他冲泡方法不同，这也让我们享受到了不同的乐趣。

材料（1杯）	
咖啡粉	5g
研磨状态	极细研磨
烘焙度	城市烘焙至法式烘焙

道具

① 意大利浓缩咖啡机　② 滤斗　③ 手动压粉器

01 从意大利浓缩咖啡机中取出过滤斗。

02 将滤斗篮擦拭干净。如果有咖啡粉残留就会严重影响味道，所以要仔细擦拭。

03 在滤斗中放入5g极细研磨的咖啡粉，切记轻轻倒入，使咖啡粉保持平衡。咖啡豆一定要研磨后再使用。冲泡两杯时，更换滤斗，放入10g咖啡粉。咖啡粉上平衡放置手动压粉器，施加均等的力道按下压粉器。要注意的是，如果用力过猛，咖啡粉颗粒之间就会没有空隙，热水很难滤过，萃取就会变得不稳定。

关于油沫

油沫是在高压下咖啡豆的油分与水乳化而形成的细小泡沫，漂浮在咖啡表面。由于咖啡豆研磨得越细，其劣化的速度越快，所以即使是新鲜的咖啡豆，经过一段时间搁置后，也很难产生油沫。

04 如果是夯压结实的咖啡粉，即使把滤斗倒过来，咖啡粉也不会落下。

07 几秒后，咖啡液开始滴落。经过20～30秒，滴滤出250mL左右的咖啡液时，关闭开关。要注意的是，不同的机器在萃取咖啡时的震动不同，所以咖啡杯的位置会有所偏移。

05 擦掉滤斗边缘的咖啡粉。在安装上滤斗之前，一定要通过热水循环来预热机器。

08 如果咖啡液表面呈现出细腻有光泽的油沫，说明这是一杯冲泡成功的咖啡。

06 把滤斗安装到咖啡机上。如果安装不正确，就不能顺利萃取咖啡，所以一定要安装稳固，确认后再按下开关。

关于Solo和Doppio

冲泡浓缩咖啡时，需要首先确定是Solo还是Doppio，这代表了浓缩咖啡的完成量。"solo"是意大利语，在英语中是单份的意思，即使用1杯分量的咖啡豆，经过20～30秒萃取出25mL的咖啡。而"doppio"在英语中是双份的意思，萃取时间和Solo相同，但是咖啡豆的量则是成倍的，萃取出的咖啡量也是成倍的，为50mL左右。这点在我们将要介绍的使用浓缩咖啡的花式咖啡将涉及，在咖啡店点咖啡的时候也会有所涉及，最好记住它。

家用意大利浓缩咖啡机的
保养要点

以前，意大利浓缩咖啡机价格昂贵，而现在用比较低廉的价格就可以购买的咖啡机越来越多。浓缩咖啡机变得和普通咖啡机一样，从研磨到萃取以及咖啡粉处理，只要摁一个摁钮就可以自动完成，因此可以根据用途的不同以及喜好来选择。和普通咖啡机一样，彻底清洗干净机器就能冲泡出美味的浓缩咖啡。由于制造厂家和型号的不同，其操作方法也各有特点，因此要严格按照说明书操作。另外，由于是精密的机器，保养也非常重要。吸水口和出水口的清洗固然重要，但也不要忘记清洗蒸汽喷嘴和滤斗。

出水口是在蒸气的压力下被频繁使用的，所以一定要注意，在使用后要彻底擦干水汽，以防止生锈。

蒸汽喷嘴在使用后要放入水中进行一次喷射，最好进行内部清洗。

很多型号的机器给水器都是能摘除的，这样就可以简单地用手清洗。注意不要忘记清洗给水口。

滤斗在多次使用后会附着上咖啡豆的颜色。上图是未使用过的滤斗，下图是长时间使用的滤斗。

无论是专业咖啡机还是其他咖啡机都会配有无孔滤杯，可以打开开关来清洗出水口。

※意大利浓缩咖啡机的构造非常复杂。这里所介绍的只是非常简单的要点，请一定要参照说明书。

冰滴咖啡壶和摩尔咖啡壶

味道清晰的冰滴咖啡与纯正意式的摩尔咖啡

除了已经介绍过的咖啡冲泡方法，还有很多其他冲泡方法。冰滴咖啡也叫作荷兰咖啡，虽然要花费很长时间来萃取，但是由于咖啡豆一直都浸泡在水中，苦味成分很难溶解，所以味道清淡。在这里我们介绍的是大型规范器具的冲泡方法。其实冰滴咖啡壶有使用方法简单的专用壶，市面上也有相配的茶叶包。

直火式浓缩咖啡机是意大利非常普遍的制作摩尔咖啡的咖啡机。其利用蒸气压出的热水滤泡咖啡粉后萃取出咖啡，而且油沫非常不容易形成，即使形成也会很快消失。如果气锅中放入的热水过少，就会导致压力不足而不能正确萃取咖啡。所以在选择咖啡壶时，一定要与冲泡份数相结合来选择。

规范的冰滴咖啡萃取器具。水从上面最大的长颈瓶中滴落，中间有调速器的刻度盘，可以用来调节水滴落的速度。

冰滴咖啡壶的使用更加简便

右图是冰滴咖啡专用咖啡壶。把深度烘焙的中细度研磨咖啡粉放入网状的过滤器中，注入水，浸泡8小时后萃取出咖啡。有5杯和8杯类型的咖啡壶，价格便宜且容易入手。

直火式浓缩咖啡机的摩尔咖啡壶。由用于盛水的气锅、盛放咖啡粉的咖啡篮以及盛咖啡液的咖啡壶组成。

冰滴咖啡的制作方法

（※型号不同，步骤也不相同）

材料（1杯）	
咖啡粉	50g
水量	750mL
研磨状态	细度研磨
烘焙度	法式烘焙

03
拧紧用来调节水速的调速器的刻度盘后，安装上盛有水的烧瓶。

01
沥干杯中放入的专用过滤器。

04
咖啡壶安装在调速器下面。打开刻度盘，旋转咖啡壶，使咖啡粉被均匀浸湿。

02
把沥干杯安装到咖啡壶上，在沥干杯中放入咖啡粉。

05
调节刻度盘，使水滴的速度保持在3秒钟滴落2滴。保持这种状态8小时后萃取完成。随着水量变少，水的滴落速度也会变化，不需要做调整，但是如果停止滴落时是需要调整的。

摩尔咖啡壶的冲泡方法

材料（1杯）	
咖啡粉	7g左右
水量	指定量
研磨状态	极细度研磨
烘焙状态	城市烘焙至法式烘焙

03 把气锅安装到咖啡壶里。由于是拧动式，所以要稳固地拧紧。盖紧盖子后放在炉子上，点火加热。

01 往气锅中倒入水，控制水量在保险阀以下（也可倒入热水，因为热水沸腾快，能够更顺利地萃取咖啡）。

02 咖啡篮中放入咖啡粉。没有必要压紧，用手指略压即可。咖啡篮安装到气锅上。

04 热水沸腾后会通过咖啡篮，使咖啡液喷射而出（因用于解说，所以照片中盖子是打开的，实际操作中一定要盖紧盖子）。咖啡液完全萃取后结束。

热咖啡

热咖啡是咖啡中最基础的冲泡方法，本章介绍在热咖啡的基础上如何制作饮料。将奶泡和打发奶油等组合在一起，使热咖啡变得更加美味。请以此为基础，尝试一下自己喜爱的冲泡方法吧！

欧蕾咖啡

Café au lait

欧蕾咖啡是咖啡中的经典，其制作方法简单，材料也极为普通。在杯中注入100mL的深度烘焙咖啡，再加入等量的牛奶即可。

材料（1杯）	
深度烘焙咖啡··············	100mL
牛奶·······················	100mL

在杯中放入100mL的深度烘焙咖啡，再加入100mL的热牛奶。

Einspéner

维也纳咖啡

材料（1杯）

深度烘焙咖啡·············· 130mL
打发奶油····················· 30g

"Einspéner"在德语中是"马车夫"的意思。在其他国家称其为维也纳咖啡，因为此款咖啡在奥地利维也纳广受欢迎。

1 在杯中放入130mL的深度烘焙咖啡。

2 上面挤上30g的打发奶油即可。

爪哇摩卡咖啡

Moca Java

摩卡爪哇咖啡是使用巧克力糖浆制成的花式饮品。在杯中放入巧克力糖浆，注入深度烘焙咖啡，将打发奶油呈螺旋状浇入，完成后再挤上巧克力糖浆即可。

材料（1杯）	
深度烘焙咖啡	130mL
巧克力糖浆	20mL
打发奶油	30g

1 在杯中注入巧克力糖浆，倒入咖啡。

2 挤上打发奶油。

3 用巧克力糖浆画上格子的图案。

Soy au lait

豆奶欧蕾

材料（1杯）

深度烘焙咖啡·············100mL
豆奶·················100mL

豆奶欧蕾使用了人气很高的豆奶。豆奶不仅可以减肥、具有美容功效，而且还适合用于缓解更年期综合征、预防动脉硬化。豆奶特有的香醇是花式咖啡的特征。

1 往杯中注入深度烘焙咖啡。

2 在上面注入热豆奶。

The Flower In Water

水中花

材料（1杯）

仙桃茉莉花茶………………	1个
树胶糖浆…………………	30mL
热水……………………	70mL
中度烘焙咖啡…………	100mL

使用了一种叫作仙桃茉莉花茶的茶叶，这是一种泡开后呈茉莉花形状的花茶。在盛有花茶的玻璃杯中注入树胶糖浆和开水，倒入咖啡，便可以体会到茉莉花茶的魅力。

1 在小碗中放入仙桃茉莉花茶，倒入开水泡开。

2 盛开的茉莉花茶沉入杯底后注入树胶糖浆。

3 往玻璃杯中注入70mL的开水。

4 保持花茶泡开的形状将其放入玻璃杯中。

5 使用小勺往杯中缓慢注入中度烘焙的咖啡。

Perpetual Snow

万年雪

"Perpetual Snow" 在英语中是"万年雪"的意思。在这里是指用打发奶油和白巧克力沙司制成的像乞力马扎罗山万年雪般的花式咖啡。巧克力和糖粉的甜味使其深受女性欢迎。

1 制作白巧克力沙司。首先将50g白巧克力隔水熔化。熔化后从水中取出。

2 放入20mL的生奶油，搅拌至将要溶化的状态。生奶油放入杯中前可能会凝固，因此操作该步骤时请注意。

3 在杯中放入白巧克力沙司，然后注入120mL的深度烘焙咖啡。

4 挤上30g的打发奶油。

5 撒上糖粉。

Café au cinnamon

肉桂咖啡

材料（1杯）

深度烘焙咖啡…………… 130mL
打发奶油………………… 30g
肉桂粉…………………… 适量
橘皮……………………… 适量
肉桂枝…………………… 1根

深度烘焙的咖啡与肉桂的香味营造出成熟的味道。肉桂粉与砂糖混合，可作为肉桂糖使用。肉桂枝是用斯里兰卡的樟科植物——锡兰肉桂去掉树皮后做成的。

1 在杯中注入130mL的深度烘焙咖啡。

2 将30g打发奶油呈螺旋状挤在上面。

3 用茶叶过滤器撒上肉桂粉。

4 适量装饰一些橘皮。

5 完成后插上肉桂枝即可。

香草咖啡

Café au Vanille

香草咖啡是以"维也纳咖啡"为基础，掺入香草味道制成的。在深度烘焙咖啡中加入香草糖浆，再放上打发奶油，完成后插上香草棒即可。

材料（1杯）	
香草糖浆	15mL
深度烘焙咖啡	130mL
打发奶油	30g
香草枝	1枝

1 在杯中放入15mL的香草糖浆。

2 注入深度烘焙的咖啡。

3 挤上30g的打发奶油。

Velvet

天鹅绒

材料（1杯）

蜂蜜·······················5mL
木槿糖浆·······················10mL
中度烘焙咖啡·············140mL

"Velvet"在英语中意为"天鹅绒"，也用来形容口感很好的酒。木槿糖浆是用100mL的树胶糖浆加入10g木槿花瓣腌制2～3日而成的。

1 在玻璃杯中加入5mL蜂蜜。

2 加入10mL的木槿糖浆。

3 注入140mL的中度烘焙咖啡。

黑糖欧蕾

Café au lait with crude sugar

黑糖欧蕾是在欧蕾咖啡中加入黑糖制成的饮品。黑糖比白糖含有更丰富的钙、矿物质以及维生素，作为一种健康食品深受大家喜爱。

材料（1杯）	
黑糖	10g
深度烘焙咖啡	100mL
奶泡	100mL

1 在杯中加入10g黑糖。

2 在杯中注入100mL的深度烘焙咖啡。

3 在上面倒入100mL的奶泡。

Soy au lait with crude

黑糖豆奶欧蕾

黑糖欧蕾的豆奶版。减肥效果很好的豆奶、富含矿物质的黑糖与咖啡混合后，一杯口感醇厚的花式饮品就制作好了。

材料（1杯）

黑糖·······················10g
深度烘焙咖啡·············100mL
豆奶·······················100mL

1 在耐热玻璃杯中加入10g的黑糖。

2 注入100mL的深度烘焙咖啡，充分混合。

3 注入100mL的热豆奶。

抹茶欧蕾

Café au lait with powdered green tea

使用抹茶制成的花式饮品。可以品尝到抹茶的芳醇、咖啡的香味以及牛奶的甘甜。可以搭配点心饮用哦。

材料（1杯）

抹茶粉······················ 10g
深度烘焙咖啡·············· 100mL
奶泡······················ 100mL

1 在杯中放入5g抹茶粉。

2 注入深度烘焙的咖啡，用茶刷搅匀。

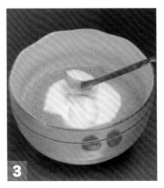

3 注入100mL的奶泡。

Café au lait with blacksesame

黑芝麻欧蕾

材料（1杯）

黑芝麻酱······················· 20g
奶泡····························100mL
深度烘焙咖啡·············100mL

黑芝麻中富含蛋白质、脂肪、钠、钙，是一种营养全面的健康食品。与香醇的咖啡完美结合，喜欢甜味的朋友还可以加入黑糖。

1 在杯中加入10g黑芝麻酱。

2

3 注入100mL的奶泡和100mL的深度烘焙咖啡。

墨西哥粉红咖啡

Rosa Mexicano

材料（1杯）

牛奶······· 80mL
细砂糖······· 10g
食用红色素······· 适量
深度烘焙咖啡······· 80mL

"Rosa"在西班牙语中意为"粉红色"。在调酒器中放入牛奶、细砂糖和食用红色素，打出泡沫，注入玻璃杯。缓缓注入咖啡，整个饮品便分为三层。也可用草莓糖浆代替细砂糖。

1 在牛奶打泡机中倒入热牛奶和10g细砂糖。

2 放入红色素，将牛奶和细砂糖搅匀。

3 盖上牛奶打泡机的盖，将其充分混合。

4 在耐热玻璃杯中注入混合后的牛奶，请注意最后再将泡沫倒入。

5 完成后注入80mL的深度烘焙咖啡。

Café Saigon

西贡咖啡

材料（1杯）

炼乳······························· 40mL
咖啡豆（细度研磨）········ 15g
热水······························· 适量

西贡咖啡是越南风味的咖啡。在杯中放入炼乳，再在上面放入盛有细咖啡粉的专用器具。注入适量的热水，4分钟后一杯飘着醇厚香味的咖啡便完成了。

1 准备一个耐热玻璃杯，放入40g炼乳。在上面放置一个盛咖啡用的专用器具。

2 在专用器具中放入15g细度研磨咖啡粉。盖上里面的小盖。

3

4 如图片所示，拧紧螺丝将小盖固定。

5 用力拧紧后注入适量热水。

6 盖上盖子，放置4分钟后即可完成。

北欧咖啡

Café Nordic

北欧咖啡是用蛋黄制作的花式咖啡。放入蛋黄的咖啡具有温热身体、安神助眠的功效，在北欧等寒冷地区经常被饮用。如果放入朗姆酒可增强安眠效果。

材料（1杯）

蛋黄	1个
细砂糖	10g
深度烘焙咖啡	130mL
打发奶油	15g
可可粉（无糖）	适量

1 在平底锅中放入蛋黄和10g细砂糖，混合。

2

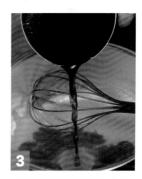

3 加入深度烘焙的咖啡，用微火煮沸。此时请注意不要粘锅。

4 倒入耐热玻璃杯中。

5 在上面挤上15g的打发奶油。

6 用茶叶过滤器在上面撒上可可粉，完成。

Café Belgian

比利时咖啡

材料（1杯）

蛋清……………………… 1个
生奶油…………………… 20mL
冰淇淋…………………… 1勺
深度烘焙咖啡…………… 130mL

将热咖啡和冰淇淋不可思议地组合在一起，拥有绝妙的口感。将蛋清搅打成泡沫状，加入生奶油制成蛋白酥皮。在杯中放入冰淇淋和蛋白酥皮，倒入咖啡即可。

将一个鸡蛋的蛋清放入碗中，搅打至七成发的状态。

倒入生奶油，打泡，制成蛋白酥皮。

往玻璃杯中放入冰淇淋。切记使用与玻璃杯口径相符的冰淇淋勺。

在冰淇淋上放入刚才做好的蛋白酥皮。

完成后在蛋白酥皮上注入深度烘焙咖啡。

Café con leche

牛奶蜂蜜咖啡

材料（1杯）

牛奶……………………… 80mL
蜂蜜……………………… 20mL
深度烘焙咖啡…………… 130mL

"Leche"在西班牙语中意为"牛奶"。牛奶蜂蜜咖啡是在咖啡中加入牛奶和蜂蜜制成的。用吸管搅匀，将牛奶和蜂蜜的甘甜与咖啡的苦味混合起来，非常适合下午茶时间饮用。

1 在牛奶打泡机中注入80mL的热牛奶，打出泡沫。

2 在耐热玻璃杯中放入20mL的蜂蜜。

3 注入奶泡。

4 缓慢地注入咖啡，使其形成蜂蜜、牛奶、咖啡三个层次，一杯外形美观、层次分明的咖啡就完成了。

Café Blanc

咖啡布朗

牛奶⋯⋯⋯⋯⋯⋯⋯⋯200mL
深度烘焙咖啡⋯⋯⋯⋯⋯ 10g
细砂糖⋯⋯⋯⋯⋯⋯⋯⋯ 10g

醇厚的咖啡布朗中隐约散发出牛奶的甘甜。制作方法非常简单，极易上手。特点就在于冲泡的方法，即在牛奶中直接放入咖啡粉即可。

1 在平底锅中放入200mL的牛奶加热。

2 加热至牛奶沸腾前，为防止粘锅，请一边轻轻晃动平底锅一边继续加热。

3 待牛奶沸腾后，加入10g深度烘焙、磨至中细状态的咖啡粉。

4 用刮刀完全搅拌均匀，1分钟后便可出锅。

5 用茶叶过滤器过滤后倒入耐热玻璃杯中。

巧克力咖啡

材料（1杯）

牛奶·······················180mL
巧克力沙司···············20mL
深度烘焙咖啡···············10g

可以看作是咖啡布朗的花式版本。制作方法更加简单，只需将咖啡布朗中的牛奶换成巧克力饮料即可。巧克力饮料用牛奶混合巧克力沙司即可做成。

1 将180mL的牛奶和20mL的巧克力沙司混合后放入平底锅中。

2 巧克力饮料的加热方法与牛奶相同，加热时防止粘锅。

3 加入10g深度烘焙、磨至中细状态的咖啡粉。

4 与咖啡布朗一样用刮刀搅匀，1分钟后出锅。

5 用茶叶过滤器过滤后倒入耐热玻璃杯中。

Café Christmas Orange

圣诞橘咖啡

材料（1杯）

柚子酱························· 10g
橘子·····················2～3瓣
深度烘焙咖啡············· 100mL

圣诞节时出产的橘子被称作圣诞橘。柑橘系特有的风味使其与一般的咖啡有所不同。根据喜好也可以将果肉打碎后同时饮用。

1 在玻璃杯中放入柚子酱。

2 放入剥去皮的橘子。

3 缓慢地注入咖啡。

Rose Garden

玫瑰花园

材料（1杯）

玫瑰花瓣······························3g
咖啡蜂蜜······························4g
玫瑰果蜂蜜[※] ···············少量
扶桑糖浆[※] ··················· 10g
中深度烘焙咖啡··········100mL

※玫瑰果蜂蜜的制作方法
　玫瑰果和蜂蜜混合搅拌，腌制一周
　左右即可。
※扶桑糖浆的制作方法
　在平底锅中放入20g扶桑茶、330g
　苹果、150g砂糖、水（水量以没
　过苹果为宜）。煮10分钟，放入
　扶桑茶叶和柠檬片后继续加热，直
　到颜色出现变化后关火，冷却。

在放入咖啡粉的过滤器上安装上放入玫瑰花瓣的过滤器，再注入热水，这是此种冲泡方法的一大特征。玫瑰的香味中和了咖啡的苦味。其他香草也可以使用此法，您可以多多尝试。

1 在放入咖啡粉的过滤器上安装放入玫瑰花瓣的过滤器，然后进行萃取。

2 放入两种蜂蜜后，加入扶桑糖浆。

3 放入玫瑰花瓣后注入咖啡。

Café Royal

皇家咖啡

材料（1杯）	
白兰地······················	20mL
方糖······················	1块
深度烘焙咖啡···········	130mL
橘皮······················	少许
柠檬皮···················	少许

用加热后的白兰地溶化方糖，混合深度烘焙的咖啡后，一款外观漂亮的咖啡就做好了。白兰地的芳香与橘子皮、柠檬皮的清爽香味相结合，其甘醇为中世纪的贵族所喜爱。

1 在耐热小碗中放入20mL的白兰地和方糖，使方糖充分浸入白兰地。

2 将碗放入烤箱中稍稍加热。

3 在杯中注入130mL的深度烘焙咖啡。

4 将调羹横放在杯上，调羹中放入加热过的方糖。

5 将橘子皮和柠檬皮放在调羹上，点火使其溶化，溶化后与咖啡混合即可饮用。

玛丽娅·特蕾莎咖啡

此款咖啡是为玛丽·安托瓦内特之母玛丽娅·特蕾莎制作的。由于她喜欢橘子，所以在咖啡中加入了橘味利口酒，最后放上打发奶油即可。

材料（1杯）

橘味利口酒（君度）…… 10mL
深度烘焙咖啡…………130mL
打发奶油…………………… 30g
巧克力颗粒（彩色）……… 适量

ALCOHOL

1 加入了橘子的橘味利口酒，制作鸡尾酒时经常使用。

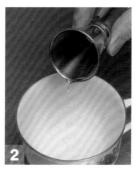

2 在杯中倒入10mL的橘味利口酒。

3 倒入130mL的深度烘焙咖啡。

4 将30g打发奶油呈螺旋状挤在其上。

5 完成后撒上彩色巧克力颗粒即可。

Café Carioca

里约热内卢咖啡

<table>
<tr><td colspan="2">材料（1杯）</td></tr>
<tr><td>橙子果肉······</td><td>1/4个</td></tr>
<tr><td>细砂糖······</td><td>10g</td></tr>
<tr><td>朗姆酒（白朗姆）······</td><td>10mL</td></tr>
<tr><td>深度烘焙咖啡······</td><td>50mL</td></tr>
<tr><td>打发奶油······</td><td>20g</td></tr>
<tr><td>橘皮······</td><td>少许</td></tr>
</table>

里约热内卢咖啡使用了橙子果肉和朗姆酒，可以品尝到成熟的风味。深度烘焙咖啡的苦味与橘皮、砂糖的甜味混合，冲调出富有魅力的饮品。完成后加入橘皮即可。

1 杯中加入1/4个橙子果肉。

2 加入10g的细砂糖。

3 注入10mL的朗姆酒。

4 注入50mL的深度烘焙咖啡。

5 挤入20g打发奶油。

6 加入橘皮。

爱
尔
兰
薄
雾
咖
啡

Irish Mist

爱尔兰薄雾是在爱尔兰威士忌中混入欧石楠蜂蜜和香草的利口酒。爱尔兰薄雾和粗糖散发出的甜味与咖啡的苦味相搭配，为我们带来成熟的风情。

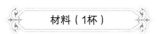

材料（1杯）

爱尔兰薄雾·························· 10mL
粗砂糖····························· 10g
深度烘焙咖啡·················130mL
打发奶油·························· 30g

1

放入10mL的爱尔兰薄雾和10g的粗砂糖。

2

放入130mL的深度烘焙咖啡，挤上30g的打发奶油。

3

最后在上面加上爱尔兰薄雾。

冰咖啡

本章介绍的是以冰咖啡为基础的花式咖啡。由于口腔较凉时人的味觉会变得迟钝，所以作为基础的冰咖啡要用苦味浓重的深度烘焙咖啡豆来冲泡。

冰欧蕾咖啡

Iced Café au lait

冰欧蕾咖啡的制作方法很简单，即使在家也能制作。这里的做法稍有改动，加入了装饰用的沙司，您也可以挑战创新。

材料（1杯）

冰块	4~5块
冰咖啡	75mL
奶泡	75mL

1 在玻璃杯中加入4~5块冰块，注入75mL的冰咖啡。

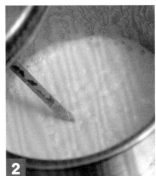

2

3 注入75mL的奶泡。

Iced Einspénner

维也纳冰咖啡

维也纳冰咖啡的制作非常简单，是炎炎夏日里让人保持充沛活力和营养的佳品。也可根据自己的喜好加入糖浆或装饰用的沙司，做出独创的口味。

材料（1杯）

冰块………………………… 适量
冰咖啡…………………… 130mL
打发奶油………………… 30g

1
在杯中放入冰块，加入130mL的冰咖啡。

2
将30g的打发奶油呈螺旋状挤在上面。

Iced Mocha Java

爪哇摩卡冰咖啡

材料（1杯）

巧克力沙司················· 30mL
冰块·····················4～5块
冰咖啡···················120mL
打发奶油················· 30g

爪哇位于印度尼西亚，盛产可可。爪哇摩卡冰咖啡是将玻璃杯的内侧浇上巧克力沙司，注入冰咖啡，然后在上面放上打发奶油。由于人的舌头对冰咖啡的感觉比较迟钝，因此加入巧克力沙司就可以提味。

1 在玻璃杯内侧浇上30mL的巧克力沙司。

2 用镊子夹入4～5块冰块。

3 缓缓注入120mL的冰咖啡，将巧克力沙司溶化。

4 在咖啡上挤上30g的打发奶油。

5 完成后用巧克力沙司在上面画上格子。

Coffee Cherry

樱桃咖啡

格雷伯爵茶（茶叶）⋯⋯⋯3g
热水⋯⋯⋯⋯⋯⋯⋯ 40mL
冰块⋯⋯⋯⋯⋯⋯⋯ 适量
树胶糖浆⋯⋯⋯⋯⋯ 10mL
樱桃糖浆※ ⋯⋯⋯⋯⋯ 20g
冰咖啡⋯⋯⋯⋯⋯⋯ 50mL

※樱桃糖浆的制作方法
　50g樱桃酱、50mL水、20g砂糖混
　合后煮至砂糖溶化。由于是用樱桃
　酱制作而成，所以会成果冻状。使
　用果肉果酱时需用过滤器过滤。

格雷伯爵茶独特的风味与咖啡的味道完
美结合，不仅可以享受伯爵茶的特别之
处，还能感受到醇厚的樱桃果实味。是
一款果味咖啡概念的"樱桃咖啡"。

1 用40mL的水冲泡茶叶，混入树胶
糖浆，用冰（分量外）冷却。

2 在坡璃杯中放入樱桃糖浆和冰块。

3 注入茶水和冰咖啡。

Coffee Float

漂浮冰咖啡

材料（1杯）	
冰块··························	4～5块
冰咖啡······················	130mL
冰淇淋······················	1勺
奶油·························	5mL

在冰咖啡中拥有极高人气。制作方法非常简单，完成后加上少许奶油便可产生醇厚的味道。

1	2	3
在玻璃杯中放入4～5块冰块。	注入130mL的冰咖啡。	加上冰淇淋和奶油。

Iced Soy au lait

冰豆奶欧蕾

材料（1杯）

冰块························3～4块
豆奶·······················70ml
冰咖啡····················70ml

冰豆奶欧蕾是豆奶欧蕾的冰咖啡版。也可加入香子兰和可可粉等香味糖浆。豆奶是人气很高的健康食品，特别推荐对牛奶过敏的朋友饮用。豆奶有丰富的矿物质，最适合减肥时食用。

1 在玻璃杯中放入3～4块冰块。

2 从冰块上面注入70mL的豆奶。如欲加入香味糖浆，可在此时加入并混合。

3 注入与豆奶等量的冰咖啡。

4 完成后充分搅匀。也可加入树胶糖浆。

Iced Café au lait with powdered green tea

材料（1杯）

抹茶粉·····························2g
热水·····························少量
牛奶···························70mL
冰块·························3～4块
冰咖啡·························70mL

一款拥有很高人气的咖啡。在欧蕾咖啡中加入抹茶粉，便可享受清爽的香味。据说抹茶会在体内产生抗菌物质，此外，其丰富的维生素C对美容也有不错功效。

1 在小碗中放入3g的抹茶粉。

2 在小碗中倒入少量开水将其泡开。

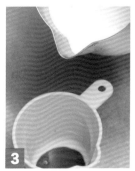

3 抹茶溶开后倒入计量器中，加入牛奶，使总量达到70mL。

4 在玻璃杯中放入3～4块冰块，倒入之前做好的牛奶。

5 从上面倒入70mL的冰咖啡。

6 完成后用茶叶过滤器将多余的抹茶撒在上面。

Iced Café au lait with strawberry

草莓欧蕾

材料（1杯）

冰块··················3～4块
牛奶····················60mL
草莓糖浆················20g
冰咖啡··················60mL

使用了草莓糖浆，制作方法却与欧蕾咖啡相同，让人耳目一新。制作方法非常简单，请一定要尝试一下。既可以使用果肉，也可以使用草莓糖浆。

1 在玻璃杯中放入3～4块冰块。

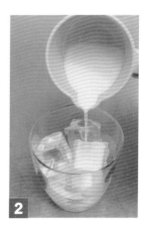

2 在上面注入60mL的牛奶。

3 在牛奶上注入草莓糖浆。请缓慢注入，使糖浆能流到杯子底。

4 最后注入60mL的冰咖啡。饮用时再搅匀。

Rockice au lait

冰山欧蕾

材料（1杯）

咖啡冰块·····················150g
牛奶·······················适量

冰山欧蕾是将冰咖啡冻成冰块后注入牛奶的花式咖啡。冰咖啡最好稍浓一些。注入牛奶后一边将冰融化一边品尝。可依照个人的喜好加入树胶糖浆。

1 请在冰箱专用盒中放入浓浓的冰咖啡，然后放入冷冻室内冷冻。

2 将冻好的咖啡冰块放入碗中，然后使用冰锥将其捣碎。

3 在玻璃杯中放入150g的咖啡冰块。

4 在上面注入适量的牛奶。等冰稍融化后再饮用。

Frozen Café

冰冻咖啡

材料（1杯）	
碎冰	140g
树胶糖浆	30mL
冰淇淋	2勺
冰咖啡	70mL

可以享受顺滑的口感。您也可以以此方法为基础进行创新。制作时只需将冰咖啡与碎冰、冰淇淋与树胶糖浆混合起来即可。

1 在搅拌机的混合器中加入140g的碎冰。

2 在其上面加入30mL的树胶糖浆。

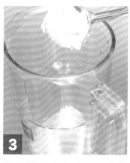

3 用冰淇淋勺加入2勺冰淇淋。这里使用的是香草冰淇淋，也可尝试加入其他口味的冰淇淋。

4 注入70mL的深度烘焙咖啡。

5 打开搅拌机的开关。

6 留有少许碎冰，然后倒入玻璃杯中。

焦糖冰咖啡

Frozen Café with caramel

将冰冻咖啡稍作改变即是焦糖冰咖啡。在冰冻咖啡上挤上打发奶油，再浇上焦糖糖浆即可。

材料（1杯）	
碎冰	140g
树胶糖浆	30mL
冰淇淋	2勺
冰咖啡	70mL
打发奶油	30g
焦糖糖浆	15mL

1 首先制作冰冻咖啡（参照p125），挤上30g的打发奶油。

2 浇上焦糖糖浆。

126

Frozen Café with strawberry

草莓冰冻咖啡

材料（1杯）	
碎冰	140g
树胶糖浆	30mL
冰淇淋	2勺
冰咖啡	70mL
打发奶油	30g
草莓糖浆	15mL

草莓冰冻咖啡是一款散发着水果风味的冰冻饮料。只需改变调味糖浆，便可冲调出完全不同的味道。

首先制作冰冻咖啡（参照p125），挤上30g打发奶油。

在上面浇上草莓糖浆。

Milky Café

炼乳咖啡

炼乳咖啡是在冰咖啡中加入炼乳制成的。炼乳的甘醇与咖啡的苦味相结合，便可享受到简单的芳醇。炼乳含有丰富的乳酸菌，对调理肠胃有很好的功效。不喜欢甜味的朋友可以尝试无糖炼乳。以此款咖啡为基础，可制作出更多的花式饮品。

材料（1杯）
炼乳·························· 40g
冰块······················4～5块
冰咖啡····················· 100mL

1　在高脚玻璃杯中放入40g的炼乳。炼乳的量可以根据自己的喜好调整。

2　放入4～5块冰块。

3　在上面注入100mL的深度烘焙冰咖啡。加入咖啡前可倒入香味糖浆，做出独创的咖啡。

Milky Café with strawberry

草莓炼乳咖啡

在炼乳中加入草莓沙司便可冲调出甜美的草莓炼乳咖啡。制作方法非常简单，炼乳与草莓沙司混合后放入杯中即可。您也可以尝试其他沙司哦!

材料（1杯）
炼乳…………………… 20g
草莓沙司…………………… 20mL
冰块…………………4～5块
冰咖啡…………………… 70mL

1 在小碗中放入20g的炼乳。

2 加入20mL的草莓沙司。

3 用刮刀充分搅拌。

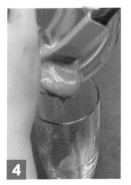

4 在高脚玻璃杯中倒入之前调好的沙司。

5 加入4～5块冰块。

6 最后注入100mL的冰咖啡便完成了。

Milky Café with chocolat

巧克力炼乳咖啡

材料（1杯）

炼乳·························· 20g
巧克力沙司················· 20mL
冰块·························4～5块
冰咖啡······················ 70mL

此款巧克力炼乳咖啡是在炼乳咖啡中加入调味炼乳后制作的饮品。在炼乳中加入巧克力沙司，透出一种成熟的甜味。喜欢甜味的朋友可加入树胶糖浆或冰淇淋。

1 在小碗中放入20g的炼乳，再加入20mL的巧克力沙司。

2 用刮刀充分搅拌。

3 把之前调好的沙司倒入高脚玻璃杯中。

4 在高脚玻璃杯中放入4～5块冰块。

5 在高脚玻璃杯中注入70mL的冰咖啡便可完成。

Soleil

太阳咖啡

材料（1杯）

橙汁……………… 1/2个橙子
酸果酱……………… 10g
树胶糖浆…………… 10mL
冰咖啡……………… 80mL

"Soreil"在法语中是"太阳"之意。这款饮品使用了沐浴在阳光下长成的甜橙。在玻璃杯中放入酸果酱、树胶糖浆、冰咖啡即可，是一款制作简单的美味饮品。

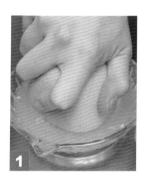
使用1/2个橙子榨汁。

用调羹放入10g的酸果酱。

注入橙汁。

注入10mL的树胶糖浆。

摇动杯子使其充分混合，也可用调酒棒搅匀。

沿杯壁边缘缓缓注入80mL的冰咖啡，使其与橙汁分为两层。

Cool Velvet

清爽天鹅绒

材料（1杯）

蜂蜜·························· 10mL
咖啡冰块················· 适量
木槿糖浆·················· 10mL
深度烘焙咖啡············· 80mL

清爽天鹅绒是使用木槿糖浆制作的花式饮品。木槿糖浆是在100mL的树胶糖浆中加入10g的木槿花瓣腌制2～3天而成的。迅速冷却蜂蜜和木槿糖浆，再注入深度烘焙咖啡中即可。

1 在鸡尾酒杯中放入10mL的蜂蜜。

2 在调酒杯中放入适量的咖啡冰块（参照p123的 **1**、**2**）。咖啡冰块的制作方法是将浓浓的冰咖啡放入冷冻室内冷冻。

3 加入10mL的木槿糖浆。

4 再注入80mL的深度烘焙咖啡。

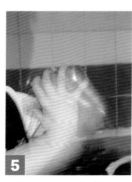

5 调成可以迅速冷却的状态。

6 倒入鸡尾酒杯即可。

Café Mocha Frosty

摩卡冰淇淋咖啡

摩卡冰淇淋咖啡有类似于冻糕的甜点感觉。由于使用了冰淇淋、巧克力饮料和打发奶油，因此深受女性喜爱。制作时只需将冰淇淋、咖啡稍作改动即可。

材料（1杯）

冰块……………………4～5块
巧克力饮料………………60mL
冰咖啡……………………60mL
打发奶油…………………10g
冰淇淋……………………1勺

1 在高玻璃杯中加入4～5块冰块。

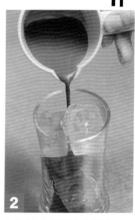
2 加入60mL的巧克力饮料。

3 加入60mL的冰咖啡，再沿杯口挤上10g的打发奶油。

4 完成后用18号匙放上冰淇淋即可。

Coffee Jelly with bittern

咸味咖啡果冻

材料（1杯）	
水	30mL
明胶	10g
深度烘焙咖啡	200mL
盐卤	5mL
树胶糖浆	60mL
冰咖啡	适量
生奶油	10mL
枸杞	少许

做果冻时常用到的明胶，其主要成分胶原蛋白有很好的美容功效，盐卤刚好可以促进人体对胶原蛋白的吸收。而咖啡不仅可以燃烧脂肪，而且还有降低血糖的作用，因此，这款咖啡非常适合作为饭后甜点饮用。

1 在30mL的水中加入10g的明胶，充分浸泡。

2 在明胶中加入200mL的深度烘焙咖啡。

3 加入5mL的盐卤和60mL的树胶糖浆，再加入冰咖啡，使总体容量达到600mL。放入冷冻室完全冷冻。

4 冷冻后明胶凝固，用调羹盛出后放到玻璃杯中。

5 浇上鲜奶油。

6 最后用枸杞装饰。

Very Berry

浆果咖啡

蓝莓·····················2~3个
木莓·····················2~3个
越橘汁·····················40mL
蓝莓糖浆·····················5mL
木莓糖浆·····················5mL
冰咖啡·····················适量

浆果咖啡是一款因使用了木莓、蓝莓、越橘三种浆果而得名的饮品。放入木莓果和蓝莓果，将三种口味的糖浆与冰咖啡混合，便可制作出美味的浆果咖啡。

1 在玻璃杯中放入2~3个蓝莓。

2 再放入2~3个木莓。

3 注入40mL的越橘汁。

4 分别加入5mL的蓝莓糖浆和木莓糖浆。用量可根据自己口味调整。

5 使用调羹缓缓注入冰咖啡，由于使用调羹注入，层次更加分明。

Azzurro

青色咖啡

材料（1杯）

盐……………………………少许
蓝柑糖浆…………………… 15g
姜汁汽水…………………… 50mL
深度烘焙咖啡………………… 50mL

"Azzurro"在意大利语中为"蓝色"之意。这是一款象征意大利蓝色海洋的花式饮品，在2005年举办的咖啡师大赛上获奖。它不可思议地将姜汁汽水、蓝柑糖浆与深度烘焙咖啡组合在一起调制而成。

1 将西西里产的海水盐加入蓝柑糖浆中，然后将其抹在杯口处。

2 在玻璃杯中注入15mL的蓝柑糖浆。

3 再注入50mL的姜汁汽水。

4 调酒杯中放入咖啡冰块和50mL的深度烘焙咖啡并调制。调制成可以迅速冷却的状态。

5 将咖啡缓缓注入玻璃杯，使其与糖浆分层。

Sparkling Lemon

闪
电
柠
檬
咖
啡

材料（1杯）

柠檬汁⋯⋯⋯⋯⋯⋯ 1/2个柠檬
冰块⋯⋯⋯⋯⋯⋯⋯⋯⋯4～5个
冰咖啡⋯⋯⋯⋯⋯⋯⋯⋯700mL
树胶糖浆⋯⋯⋯⋯⋯⋯⋯140mL
苏打水水瓶⋯⋯⋯⋯⋯⋯ 1个
碳酸气体⋯⋯⋯⋯⋯⋯⋯⋯适量

闪电柠檬咖啡是使用闪电咖啡和柠檬汁做成的饮品。闪电咖啡的制作方法是在苏打水水瓶中加入700mL的冰咖啡、140mL的树胶糖浆以及碳酸气体，摇匀后冷却两小时以上。

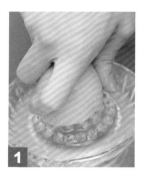

1 榨1/2个柠檬的汁。

2 在高玻璃杯中放入4～5块冰块。

3 将刚榨好的柠檬汁倒入杯中。

4 倒入适量冷却后的闪电咖啡。苏打水水瓶需使用气嘴来混入碳酸气体。

5 将作为装饰的柠檬片放在玻璃杯口即可完成。

起泡酒咖啡

Café Spumante

在意大利语中，"spumante"是"起泡酒"的意思，与香槟酒的做法异曲同工，是一种起泡葡萄酒。这里我们使用的虽然是没有酒精的红葡萄起泡酒，但也是可以享受到香槟酒风味的。红葡萄起泡酒和咖啡很搭配，苦味较清淡。

材料（1杯）

冰咖啡……………………… 50mL
红葡萄起泡酒……………… 50mL
树胶糖浆…………………………适量

1 往玻璃杯中注入冰咖啡。

2 加入红葡萄起泡酒后即可完成。根据个人爱好，也可加入适量树胶糖浆。

Café Kahlua

甘露冰咖啡

"Kahlua"在阿拉伯语中意为"甘露咖啡"，是一种有咖啡味道的甜味利口酒。将冰咖啡与咖啡利口酒、奶油等混合，制作出成熟风格的味道。

材料（1杯）

粗砂糖……………………… 10g
咖啡利口酒（甘露）…… 60mL
冰咖啡……………………… 60mL
奶油………………………… 20mL

1

在玻璃杯中放入10g的粗砂糖。

2

放入20mL的利口酒。

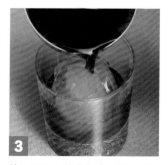

3

放入100mL的冰咖啡，加入奶油即可。

149

Alexander

亚历山大大帝咖啡

材料（1杯）

细砂糖	10g
冰咖啡	50mL
奶油	10g
白兰地	10mL
可可利口酒	10mL
冰块	适量

亚历山大大帝咖啡是使用可可利口酒和白兰地制作的一款拥有成熟气息的饮品。完成后注入鸡尾酒杯中，从外观看上去有一种在酒吧品酒的感觉。是超具人气的亚历山大大帝鸡尾酒的咖啡版。

1 在调酒器中放入10g的细砂糖。

2 注入50mL的冰咖啡。

3 用调酒棒充分混合。

4 倒入奶油、白兰地、可可利口酒各10mL。

5 在调酒器中放入冰。

6 调酒，使之充分混合。请注意不要过度晃动调酒器。冷却，使酒精味挥发。

Grog of coffee liqueur

咖啡酒

╼✦╾ 材料（1杯）╾✦╼

冰块·································· 1个
咖啡酒···························· 30mL
水································· 30mL

咖啡酒是在平底玻璃杯中兑入等量的水制成的饮品。咖啡酒的制作方法是：在保存梅酒用的瓶中放入250g的法兰西烘焙咖啡豆、1800mL的35°白酒、1kg的白砂糖或上等白糖。1个月后液体变成茶褐色，取出咖啡豆，再保存3个月便可饮用。咖啡酒中也可兑牛奶或加入冰淇淋等。

1 在平底玻璃杯中放入冻成球状的冰块。

2 注入30mL的咖啡酒。

3 加入30mL的水便可完成。咖啡酒的浓度可根据个人喜好进行调整。

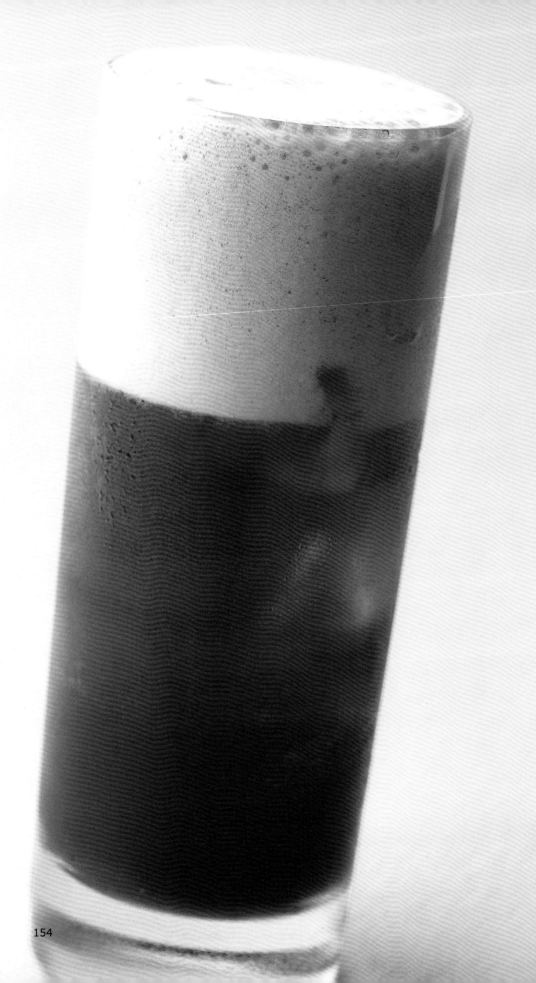

Rum Coke

朗姆可乐咖啡

材料（1杯）	
冰咖啡	700mL
树胶糖浆	140mL
冰块	4～5块
朗姆酒	45mL
苏打水水瓶	1个
碳酸汽水	适量

这是一款可乐味咖啡，使用咖啡和朗姆酒制成。使用的朗姆酒是透明的，也可以用黑朗姆酒。加入酒能使味道更独特。

1 在苏打水水瓶中倒入700mL的冰咖啡。

2 加入140mL的树胶糖浆和适量碳酸汽水。

3 利用手柄将其搅匀。

4 在高玻璃杯中放入4～5块冰块。注入45mL的朗姆酒。

5 再注入适量冷却后的碳酸咖啡。可以用橙子切片装饰。

偕乐园之春

Spring Of The Kairaku-en

用羊羹模仿梅子贴在杯中，加入梅酒（或梅汁）、冰咖啡，营造出春天的氛围。

材料（1杯）

羊羹……………………………适量
梅汁（或梅酒）…………50mL
冰咖啡………………………50mL
梅子、冰块……………各1个

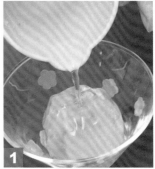

1

将羊羹做成梅子的形状贴在杯中，放入冰块，倒入50mL的梅汁。

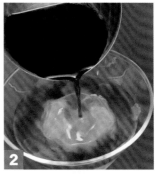

2

注入50mL的冰咖啡。

3

用梅子装饰即可。

意大利浓缩咖啡

浓缩咖啡比普通咖啡的口感和味道更浓厚，所以非常适合冲泡花式咖啡。

本章为大家介绍添加黑糖和豆奶的制作方法以及玛奇朵咖啡的制作方法等，让我们充分享受花式咖啡带给我们的乐趣吧。

拿铁咖啡

Café Latte

拿铁咖啡使用了浓缩咖啡，将其称作花式饮品的代名词也不为过。做法简单，在浓缩咖啡中加入牛奶即可。"Latte"在意大利语中是"牛奶"的意思。

┌─────────────────────────┐
│   材料（1杯）   │
└─────────────────────────┘

浓缩咖啡·······················30mL
奶泡··························150mL

1 提取浓缩咖啡。

2 制作奶泡。

3 在杯中缓缓注入奶泡。

Café Macchiato

玛奇朵咖啡

材料（1杯）

浓缩咖啡……………… 30mL
奶泡…………………… 30mL

将提取出的浓缩咖啡倒入杯中，加入20～30mL的奶泡即可。"Macchiato"在意大利语中意为"印章"，即用牛奶盖在浓缩咖啡上的意思。

提取出浓缩咖啡，倒入杯中。

用浓缩咖啡机的蒸气制作20～30mL的奶泡，并注入杯中。好像是浓缩咖啡上漂浮着白色的盖子。

康宝蓝咖啡

Café con Panna

在浓缩咖啡中浇入打发奶油，营造出甜点的感觉。一般来说，打发奶油要和抑制甜味的东西搭配使用。完成后可在上面撒上可可粉。

材料（1杯）	
浓缩咖啡…………………	30mL
打发奶油…………………	30g

1 杯中盛入提取出的浓缩咖啡。

2 在咖啡上浇上打发奶油，完成。

Cappuccino

卡布奇诺

材料（1杯）

浓缩咖啡·························· 30mL
奶泡······························· 110mL

与拿铁咖啡同样有名的花式浓缩咖啡。在浓缩咖啡中加入充分打发的奶泡和牛奶，一杯意大利早餐必备的卡布奇诺便做好了。

1 杯中盛入提取出的浓缩咖啡。

2 注入充分打发的奶泡和牛奶。

DON MEISTER CAFE

Caramel Macchiato

焦糖玛奇朵

材料（1杯）

浓缩咖啡…………………… 30mL
牛奶……………………………150mL
焦糖沙司………………… 10mL

西雅图系花式浓咖啡中最具人气的咖啡。浓缩咖啡（深度烘焙咖啡）中加入充分打发的奶泡和牛奶，完成后用充足的焦糖沙司画上格子即可。

1 杯中盛入提取出的浓缩咖啡。用浓缩咖啡机的蒸气制作奶泡。

2 将充分打发的奶泡和牛奶注入浓缩咖啡中。

3 完成后用焦糖沙司画上格子即可。

香草拿铁

香草拿铁能给您带来别样的感觉。
在杯中注入浓缩咖啡和奶泡，加上
香甜的香草糖浆即可。

材料（1杯）

浓缩咖啡····················· 30mL
奶泡·························· 150mL
香草糖浆··················· 10mL

杯中盛入提取出的浓缩咖啡。加入
150mL的奶泡。

加入10mL的香草糖浆。

Raspberry Latte

覆盆子拿铁

材料（1杯）

浓缩咖啡······················ 30mL
奶泡·························150mL
覆盆子糖浆················· 10mL

覆盆子拿铁是在拿铁咖啡中加入覆盆子糖浆制成的。牛奶的甜味与覆盆子的酸甜绝妙地混合在一起，可以根据自己的喜好加入覆盆子。

将浓缩咖啡中加入奶泡做成拿铁咖啡盛入杯中，从上面注入覆盆子糖浆即可。

蓝莓拿铁

拿铁咖啡中加入蓝莓糖浆制成的花
式饮品。也可以在浓缩咖啡中溶入
蓝莓果酱，再注入奶泡。当然，您
也可以根据自己的喜好加入蓝莓果。

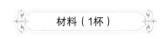

材料（1杯）	
浓缩咖啡····················	30mL
奶泡·······················	150mL
蓝莓糖浆····················	10mL

提取出浓缩咖啡，注入奶泡做成拿
铁咖啡，最后加入蓝莓糖浆。

Coconut Latte

椰子拿铁

人气很高的拿铁咖啡中加入了增添甜味的椰子糖浆，是一款经典的咖啡，特别是在女性当中拥有很高的人气。可以尽情地享受椰子的香味。

材料（1杯）

浓缩咖啡····················· 30mL
奶泡······················· 150mL
椰子糖浆···················· 10mL

杯中盛入提取出的浓缩咖啡，加入奶泡和椰子糖浆即可。

167

榛果拿铁

Hazelnut Latte

在拿铁咖啡中加入香味糖浆便诞生了一款让人耳目一新的饮品。榛果糖浆味道甜美。牛奶也可以用豆奶来取代。

材料（1杯）

浓缩咖啡······················ 30mL
奶泡························· 150mL
榛果糖浆···················· 10mL

制作拿铁咖啡，加入榛果糖浆。也可让用豆奶取代牛奶制作。

Sakura Latte

樱花拿铁

櫻花拿铁是一款别具日本风情的花式饮品。制作方法很简单，只需在拿铁咖啡中加入櫻花糖浆即可。可以感觉到甜味与櫻花的香味。

材料（1杯）

浓缩咖啡···················· 30mL
奶泡·························· 150mL
櫻花糖浆···················· 10mL

浓缩咖啡中注入150mL的奶泡，在上面加入櫻花糖浆便可。

DON MEISTER CAFE

枫糖玛奇朵

Maple Macchiato

以玛奇朵咖啡为基础，加入枫树糖浆即可。可以加入自己喜欢的调味沙司，做出独创的玛奇朵咖啡。

材料（1杯）

浓缩咖啡······················ 30mL
奶泡···························· 150mL
枫树糖浆······················ 10mL

1 杯中盛入提取出的浓缩咖啡。

2 注入150mL的奶泡。

3 用枫树糖浆画上格子即可。

Honey Macchiato

蜂蜜玛奇朵

材料（1杯）

浓缩咖啡······················ 30mL
奶泡··························150mL
蜂蜜························· 10mL

这款咖啡以焦糖玛奇朵咖啡为基础，是将调味沙司换成蜂蜜制作的花式饮品。浓缩咖啡的苦味、牛奶醇厚的味道以及蜂蜜浓浓的甜味在口中萦绕。

将奶泡注入浓缩咖啡中。

用蜂蜜画上格子即可。

171

可可卡布奇诺

Cappuccino con Cacao

以卡布奇诺为基础，加入配品后制成的饮品，可以品尝到别样的味道。在普通的卡布奇诺上加上可可粉便可做成上等的可可卡布奇诺。

材料（1杯）

浓缩咖啡·················· 30mL
奶泡·························110mL
可可粉（无糖）············少许

先在提取出的浓缩咖啡中注入奶泡，制作出卡布奇诺，然后撒上可可粉即可完成。

巧克力卡布奇诺

Cappuccino con Chocolat

在卡布奇诺中加入巧克力屑即成一杯上等的花式饮品。巧克力可以选择自己喜欢的口味，也可以将多种口味混合起来。

材料（1杯）

浓缩咖啡···················· 30mL
奶泡····················· 110mL
巧克力屑···················· 适量

提取出浓缩咖啡，加入奶泡，做成卡布奇诺。

完成后加上巧克力屑即可。

肉桂卡布奇诺

Cappuccino con Cinnamon

在使用了大量牛奶的卡布奇诺上撒上肉桂粉，营造出别样的氛围，带给我们不同的享受。也可以加上肉桂枝。

材料（1杯）

浓缩咖啡……………………… 30mL
奶泡……………………………110mL
肉桂粉……………………………适量

1 在杯中放入提取出的浓缩咖啡。

2 注入奶泡，做成卡布奇诺。

3 撒上肉桂粉。

Cappuccino con Marshmallow

棉花糖卡布奇诺

在卡布奇诺上放上棉花糖，便成为一杯美味的花式饮料。在棉花糖上还可加入自己喜爱的糖浆。

材料（1杯）

浓缩咖啡·················· 30mL
奶泡······················· 110mL
棉花糖······················ 适量

1 提取出浓缩咖啡倒入杯中。

2 注入110mL的奶泡。

3 根据自己的喜好加入适量的棉花糖。

豆奶拿铁

Soy Latte

豆奶有减肥和美容的功效，是一种人气很高的健康饮品。只需将拿铁咖啡中的牛奶换为豆奶，即可品尝到一款美味的饮品。豆奶拿铁是一款经典的咖啡饮品。

材料（1杯）

浓缩咖啡……………………… 30mL
豆奶…………………………… 110mL

1 提取浓缩咖啡倒入杯中。

2 注入充分打发的奶泡和豆奶。

黑糖豆奶拿铁

材料（1杯）

浓缩咖啡······················100mL
豆奶···························110mL
黑糖···························· 10g

黑糖具有自然的甜味，含有丰富的矿物质，是一种深受大家喜爱的健康食品。在豆奶拿铁中加入黑糖，即成一款味道醇厚的饮品。

提取出浓缩咖啡倒入杯中。加入黑糖，用调羹搅拌均匀。

注入110mL的打发奶泡和豆奶。

在上面加入黑糖。

177

Café Latte with crude sugar

材料（1杯）	
浓缩咖啡	30mL
奶泡	110mL
黑糖	10g

在苦味的浓缩咖啡中加入甜味的黑糖，冲调出中西结合的味道，能够品尝到奶泡和黑糖的自然甜味。

1 提取出30mL的浓缩咖啡倒入杯中。

2 加入10g的黑糖（1勺），搅拌至溶化。

3 注入110mL的打发奶泡和牛奶。

4 在上面撒上黑糖，完成。

Café Latte with crude sugar & condensed milk

黑糖炼乳拿铁咖啡

材料（1杯）

浓缩咖啡·················· 30mL
炼乳······················· 20g
奶泡······················ 110mL
黑糖······················· 少许

将炼乳的甜味与浓咖啡的苦味绝妙
冲调而成的花式饮品。完成后在牛
奶上撒上黑糖，可以尽享黑糖和炼
乳的醇厚甜味。

杯中倒入20g的炼乳。

在炼乳上注入提取出的浓缩咖啡。

注入奶泡，撒上黑糖。

Café Latte with black sesame & crude sugar syrup

黑芝麻糖浆拿铁咖啡

材料（1杯）

黑芝麻酱……………………… 10g
黑糖糖浆……………………… 10g
浓缩咖啡……………………… 30mL
奶泡………………………… 110mL

此款咖啡是使用了拥有极高人气的健康食品黑芝麻酱制成的健康饮品。在浓缩咖啡中加入了黑芝麻酱以及甜味独特的黑糖糖浆，让您能够体会到一种绝妙的味道。

在小碗中加入10g的黑芝麻酱和10g的黑糖糖浆，将其调匀后制成黑芝麻沙司。

在杯中倒入黑芝麻沙司、浓缩咖啡、奶泡即可完成。

Saigon Latte

西贡拿铁

材料（1杯）

浓缩咖啡·····················30mL
炼乳·······················30g
奶泡·······················适量

西贡拿铁是一款在全世界都很受欢迎的越南式咖啡。杯中加入炼乳，倒入浓缩咖啡，再加入奶泡即可。

1 杯中放入30g的炼乳。使用量可根据个人喜好调整。

2 在炼乳上加入浓缩咖啡。

3 使用蒸气制成奶泡。

4 使用调羹在浓缩咖啡上加入奶泡。请小心注入，使其能分为明显的三层。

Marocchino

摩洛哥咖啡

┌─────── 材料（1杯）───────┐

巧克力沙司·················· 20mL
浓缩咖啡·················· 30mL
奶泡·················· 110mL
打发奶油·················· 15g

"Marocchino"在意大利语中是"摩洛哥式"的意思。混合了巧克力沙司和浓缩咖啡，可以感受到浓厚苦味中透露出来的些许甜味。完成后加入打发奶油，使外观看上去更华丽。

1 首先在杯中注入20mL的巧克力沙司。

2 在上面倒入提取出的浓缩咖啡。

3 注入打发的奶泡和牛奶。此时若画上拉丁风情的图案会更加漂亮。

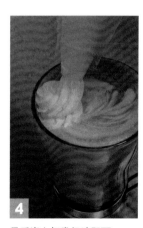

4 最后浇上打发奶油即可。

摩洛哥草莓咖啡

使用两种沙司调制出芳醇的甜味。
在杯底加入巧克力沙司，牛奶上加入
草莓沙司和打发奶油即可完成。

材料（1杯）	
巧克力沙司	10mL
浓缩咖啡	30mL
奶泡	110mL
草莓沙司	10mL
打发奶油	15g

1 加入巧克力沙司和浓缩咖啡。

2 注入110mL的奶泡。

3 加上草莓沙司。

Marocchino Bianco

白摩洛哥咖啡

材料（1杯）

浓缩咖啡······················· 140mL
奶泡····························· 10mL
打发奶油························· 15g
白巧克力沙司··················· 20mL

将摩洛哥咖啡中的巧克力沙司换成白巧克力沙司即可。"Bianco"在意大利语中是"白"的意思。由于使用了整块的巧克力，所以可以品尝到醇厚的味道。

将白巧克力隔水加热熔开，加入奶油做成沙司。

之后的顺序与制作摩洛哥咖啡相同。

189

Venus

维纳斯咖啡

材料（1杯）

细砂糖························ 40g
水···························· 15mL
奶泡·························· 80mL
草莓糖浆····················· 20mL
浓缩咖啡····················· 30mL

以情人节为主题设计的饮品。维纳斯是希腊神话中的女神。玻璃杯中糖的溶化象征了恋人的心融合在一起。口感带有草莓糖浆的甜味。

1 在锅中加入40g的糖，熔开，呈糖稀色后关火，加入15mL的水制成糖稀。

2 在耐热玻璃杯中浇入糖稀，放入冷冻室冷冻至糖凝固。

3 杯中注入80mL的奶泡，依次注入草莓糖浆和浓缩咖啡。

4 完成后加上打发奶油。

Mocha Valencia

瓦伦西亚摩卡

材料（1杯）

酸果酱·························· 10g
浓缩咖啡··················· 30mL
奶泡······················· 110mL
巧克力沙司················ 适量

使用了酸果酱，口感浓厚。在浓缩咖啡中加入橙子的甜味，完成后再加入巧克力沙司。在成熟的氛围中品尝到酸甜的味道。

1 杯底中倒入酸果酱。

2 上面注入浓缩咖啡。

3 使用茶勺将二者搅匀。

4 注入打发的奶泡和牛奶。

5 在牛奶上呈螺旋状挤上巧克力沙司。

6 用牙签在上面画出"十"字形，便可做出一杯漂亮的咖啡。

193

蜜饯栗子咖啡

这是一款以深秋为概念创作的咖啡。
加入了蜜饯栗子糖浆、浓缩咖啡、
可可粉，可以品尝到成熟的味道。

材料（1杯）

蜜饯栗子糖浆…………… 10mL
浓缩咖啡………………… 30mL
可可粉……………………… 适量
奶泡………………………110mL

1 杯中加入10mL的蜜饯栗子糖浆。

2 在上面注入浓缩咖啡。

3 使用茶叶过滤器撒上可可粉。

4 注入110mL的打发奶泡和牛奶。此时若画上拉丁风情的图案，外观会更漂亮。

杏仁奇诺

Poodle Cino

一款使用了杏仁奶油，泡沫如卷毛狮子狗般膨松的饮品。是一款有着大量牛奶泡沫的卡布奇诺。杏仁奶油的甜味深受女性喜爱。

材料（1杯）	
浓缩咖啡	40mL
奶泡	适量
杏仁奶油	10mL
无盐奶油	适量

1 将杏仁奶油、细砂糖和无盐奶油混合搅匀。

2 加入浓缩咖啡和奶泡。

3 撒上杏仁。

Café with a little sweet melted rice

甜酒牛奶咖啡

咖啡蜂蜜……………………2～3滴
柠檬汁………………………1～2滴
浓缩咖啡………………… 30mL
酒曲酱…………………… 10g
牛奶……………………… 70mL
砂糖…………………………5g

由于使用了酒曲酱，可以享受到酒曲和咖啡搭配的独特香气与风味。蜂蜜除了使用咖啡蜂蜜外，也可使用普通蜂蜜（百花蜜），根据自己的喜好选择一些柔和的蜂蜜也很不错。过滤萃取后，舌尖触感柔滑，后味十足。

玻璃杯中注入咖啡蜂蜜和柠檬汁，再加入浓缩咖啡。

酒曲酱、牛奶、砂糖用蒸气加热后，过滤打泡，倒入玻璃杯中。

红石榴拿铁

使用红石榴糖浆，一款甜味浓重的咖啡。层次分明、制作简单是其最大的特征。它的优点在于，低聚糖比树胶糖浆的比重更重，其梯度能更清晰地显现出来。

材料（1杯）	
低聚糖	10g
红石榴糖浆	10mL
奶泡	80mL
浓缩咖啡	30mL

1 往玻璃杯中注入低聚糖后，放入红石榴糖浆。

2 制作奶泡，注入玻璃杯。最后注入浓缩咖啡，完成。

冰浓缩咖啡

在以浓缩咖啡为基础的花式冰咖啡冲泡方法中，将浓缩咖啡特有的味道与冰爽口感的食材相搭配。使用冰淇淋以及水果来冲泡咖啡，很受女性青睐。

冰拿铁咖啡

Iced Café Latte

冰拿铁咖啡是一款基础花式浓缩咖啡，在世界各地均广受欢迎。此款饮品的制作方法有所改动，能够品尝到全新的味道。

材料（1杯）

冰块·······························适量
浓缩咖啡·······················30mL
奶泡·····························75mL

在玻璃杯中放入萃取出的浓咖啡，注入75mL的奶泡。也可根据个人喜好加入树胶糖浆。

Café Shakalate

特浓调制咖啡

此款咖啡使用了调酒器和鸡尾酒杯，营造出了浪漫的气氛。特浓咖啡是指使用两倍咖啡豆提取出的咖啡。

材料（1杯）

冰块……………………适量
特浓咖啡………………60mL
细砂糖…………………20g

将60mL的特浓咖啡、20g的细砂糖和冰块放入调酒器中冷却即可。

康吉拉朵咖啡

Café con Gelato

康吉拉朵咖啡是使用冰淇淋冲调而成的具有甜点感觉的花式饮品。可以等冰淇淋融化后再饮用，也可用调羹品尝。

用18号勺将3勺冰淇淋舀入杯中。加上浓缩咖啡，撒上可可粉即可。

Iced Caramel Macchiato

冰焦糖玛奇朵

材料（1杯）

冰块	适量
浓缩咖啡	30mL
奶泡	70mL
焦糖沙司	15mL

冰焦糖玛奇朵是一款人气很高的基础咖啡。焦糖沙司有许多口味，可以根据自己喜好选择。

在浓缩咖啡中加入奶泡，制成拉丁风情的冰咖啡，完成后用焦糖沙司画上格子即可。

冰枫糖玛奇朵

Iced Maple Macchiato

在冰咖啡上加上枫树糖浆即可制成一款冰枫糖玛奇朵。枫树糖浆热量低，并富含钾、钙等多种矿物质。

材料（1杯）	
冰块……………………………	适量
浓缩咖啡………………………	30mL
奶泡……………………………	75mL
枫树糖浆………………………	15mL

用浓缩咖啡和奶泡制成拉丁风情的冰咖啡，完成后用枫树糖浆画上格子即可。

204

Iced Honey Macchiato

冰
蜂
蜜
玛
奇
朵

材料（1杯）

冰块·······················适量
浓缩咖啡··············· 30mL
奶泡·······················70mL
蜂蜜·······················15mL

以冰咖啡为基础，加入调味沙司制成的饮品。蜂蜜营养价值很高，对肌肤的保湿以及身体的造血机能都很有帮助。

制作拉丁风情冰咖啡，在上面用15mL的蜂蜜画上格子即可。

Iced Banana Mocha

冰香蕉摩卡

材料（1杯）	
香蕉糖浆	20mL
香草糖浆	10mL
冰块	4～5块
奶泡	75mL
浓缩咖啡	30mL
打发奶油	15g
巧克力沙司	15g
香蕉薄片	2片

此款咖啡是外表看起来像冻糕的花式饮品。加入香蕉糖浆和香草糖浆后，可以品尝到恰到好处的浓厚香味。加入奶油和香蕉切片，让我们用调羹和吸管来品尝吧！

1 在玻璃杯中加入20mL的香蕉糖浆、10mL的香草糖浆和4～5块冰块。

2 注入奶泡。

3 缓缓注入浓缩咖啡。

4 加入15g的打发奶油，上面用巧克力沙司画上格子。

5 完成后加上香蕉切片即可。沙司的口味可根据自己的喜好调整。

Coconut Blue frosty

可可蓝色冰霜

<table>
</table>

材料（1杯）

可可糖浆…………………	10mL
冰块……………………	适量
奶泡……………………	60mL
蓝色糖浆…………………	10mL
牛奶……………………	少量
浓缩咖啡…………………	30mL
冰淇淋…………………	1勺
可可粉…………………	适量

将奶泡和蓝色糖浆混合，给人以清爽的感觉。在浓缩咖啡中加入牛奶、蓝色糖浆和可可糖浆，完成后再放上冰淇淋，一款有甜点感觉的饮品便制成了。

1 在耐热玻璃杯中加入10mL的蓝色糖浆。

2 加入冰块，在上面倒入60mL的奶泡。

3 注入少量的可可糖浆和牛奶，缓缓加入浓缩咖啡。

4 完成后加上冰淇淋，上面撒上可可粉即可。

E'spesso Cappuccino

碳酸卡布奇诺奶冻

材料（1杯）

牛奶……………… 350～400mL
细砂糖……………… 150g
水………………… 30mL
明胶……………… 10g
特浓咖啡（2杯份）……120mL
奶油……………… 50mL
苏打水水瓶……………… 1个
碳酸气体……………… 适量

"E'spesso"是将意大利语中的"浓缩咖啡"和"坚固"两个词组合而成的。这是一款有奶冻感觉的冷甜点。由于混合了明胶和碳酸气体，入口即可感觉到咖啡味的弹性奶冻。

1 将明胶和水混合放置。将150mL的牛奶和砂糖一起加热至砂糖溶化。

2 用微火加热，注意不要煳锅。

3 将30mL的水和10mL的明胶混合，加入锅中。

4 放入2杯份特浓咖啡和奶油，再注入剩下的牛奶，使总量达到650mL。

5 倒入苏打水水瓶中，注入碳酸气体（参照p155），在冰箱中冷却后注入咖啡杯中。

摩卡漂浮冰咖啡

Café Mocha Float

摩卡漂浮冰咖啡的制作方法很简单，可可饮料和冰淇淋能带给你甜点般的感觉。

材料（1杯）

冰块……………………………4～5块
浓缩咖啡………………… 30mL
可可饮料………………… 100mL
冰淇淋…………………… 1勺

1 杯中放入4～5块冰块，注入浓缩咖啡。

2 加入可可饮料。

3 加入冰淇淋即可完成。

Grapefruit Mint Café

葡萄柚薄荷咖啡

材料（1杯）

薄荷叶……………………5～6枚
葡萄柚………………………1/10个
冰块…………………………适量
树胶糖浆…………………… 10mL
浓缩咖啡…………………… 30mL

葡萄柚与薄荷相搭配，清爽的味道与咖啡的酸味相融合，非常适合炎热的夏日饮用。喜欢薄荷的人可以用研磨棒在研磨薄荷叶时调整用量，以加强薄荷的味道。

1

将葡萄柚和薄荷叶放入一个较大的玻璃杯中，用研磨棒进行研磨，直至散出香味。

2

调酒器（调制鸡尾酒的金属容器，用玻璃杯也可以）中放入冰块、树胶糖浆、浓缩咖啡以及步骤**1**中所制作的材料。罩上口径相符的玻璃杯，摇动以冷却。再注入玻璃杯中。

石楠奶昔

名字非常华丽的花式咖啡。"Shakalate"
在意大利语中是"奶昔"的意思。
"Erika"是一种叫作石楠的香草，香
气很强烈，与白葡萄酒相搭配，能带
给我们适度的酸味以及成熟的味道。

材料（1杯）

石楠白葡萄酒※ ………… 30mL
石楠蜂蜜※ ………………… 25g
浓缩咖啡 ………………… 30mL

※石楠白葡萄酒的制作方法
　石楠白葡萄酒是用20g石楠蜂蜜和
　10mL白葡萄酒混合后煮制2～3分
　钟而成。
※石楠蜂蜜的制作方法
　石楠蜂蜜是由石楠和5g蜂蜜混合，
　常温下腌制1周制成。

1

调酒器中放入石楠白葡萄酒和石
楠蜂蜜混合搅拌。

2

调酒器中放入冰块、浓缩咖啡以
及步骤**1**中制作的材料。

3

摇晃至冷却后，注入玻璃杯中。

214

微辣桃子拿铁

蜂蜜、桃子蜜饯、浓缩咖啡、牛奶，分明的层次感惹人喜爱，并带点微辣。打出泡沫的牛奶用冰冷却，能更好地形成泡沫。

材料（1杯）

桃子蜜饯*·····················20g
粉色胡椒····················少量
咖啡蜂蜜·····················5g
牛奶························80mL
浓缩咖啡····················30mL
黑胡椒·····················少量

※桃子蜜饯的制作方法
　桃子蜜饯是将去皮的桃肉放入其一半重量的砂糖，再放入热水中（以刚没过桃肉为准），煮10分钟左右后冷却。如果桃子的皮和核一起放入就会变成粉色，不放入就是白色的。

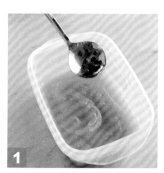

1

桃子蜜饯中放入粉色胡椒，打成糊状后和咖啡蜂蜜混合放入玻璃杯中。使用手动打泡器，将冷却的牛奶打泡。

2

调酒器中放入冰块、浓缩咖啡、黑胡椒，摇动使其快速冷却。充分冷却后，注入放有桃子蜜饯的玻璃杯中。

杜果拿铁

Mango Latte

制作方法简单，看起来很舒爽的花式咖啡。如果有冰霜，霜的粗糙面会使奶泡很快消泡，所以要把冰块清洗后再使用。另外，浓缩咖啡遇冰后就会扩散开来，层次分明的效果非常美观。

材料（1杯）	
杜果果酱	10g
树胶糖浆	10mL
冰块	适量
牛奶	80mL
浓缩咖啡	30mL

1 将杜果果酱和树胶糖浆放入玻璃杯中，充分搅拌后放入冰块。

2 用手动打奶器将冷却的牛奶打出泡沫后注入玻璃杯中，再注入冷却后的浓缩咖啡，完成。

拉花咖啡

浓缩咖啡中注入奶泡，在奶泡上绘出图案便成为拉花咖啡。让我们来练习一下，尝试着创作出属于自己的拉花咖啡吧。

制作奶泡

视频讲解

无损牛奶的香甜，打出细腻的泡沫

在制作拉花咖啡时最不可或缺的就是有油沫的浓缩咖啡以及泡沫细腻的奶泡。奶泡是打成泡沫的牛奶。打泡的器具如右图所示，分电动型和手动型，前者打出的泡沫更细腻，更适合于拉花咖啡的制作。

使用冷却后的牛奶非常重要。如果牛奶的温度过高，就会影响甜味。充分冷却后的牛奶有足够的时间使用蒸气而不损失牛奶的香甜，从而能打出更细腻的泡沫。

电动型　　　　　　手动型

电动的器具是打开开关后前部旋转，放入玻璃杯等容器中时将前部浸入牛奶。手动的器具是手抓提手上下快速插动打泡。放入70℃以下的牛奶或者使用冷却的牛奶制作花式冰咖啡。另外，由于手动型打出的泡沫不够细腻，所以只适用于花式咖啡，而不适合制作拉花咖啡。

拉花咖啡的道具

画图案的咖啡杯可以用使牛奶容易对流的底部呈圆弧形的咖啡杯（如卡布奇诺咖啡杯等）。奶壶（牛奶罐）要和咖啡杯相搭配，比如容量为250mL的咖啡杯，最好使用容量为360mL的奶壶。另外，奶壶注口的形状也影响绘图的难易。当图样笔触纤细时，则要使用注口凸出来的器具。

01 摁下机器的蒸汽按钮，指示灯亮后，打开阀门放气，滤出喷嘴中的水分。机器型号不同各个部件的名称也有所不同，一定要参照说明书。奶壶中放入1/3量的牛奶。

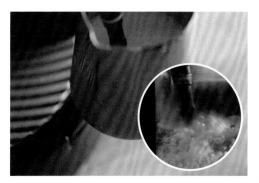

02 喷嘴插入奶壶中的牛奶1cm处。打开阀门的同时，保持喷嘴是进入牛奶的状态，把奶壶向下移动（圆图片中是用透明的玻璃杯和水来演示的状态），手放在侧面。

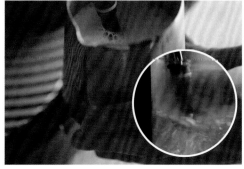

03 发出"咕嘟咕嘟"空气进入的声音。当手感到牛奶变热后，喷嘴放入液面1cm下，这时会发出"呲"的声音。牛奶越来越热，到拿不住时（65℃～70℃），关闭阀门。

04 用潮湿的毛巾迅速包住喷嘴，打开阀门，放出空气，清除喷嘴中的牛奶。转动奶壶（转动奶壶使泡沫变得均匀）时要是有大的泡沫，奶壶底部轻磕桌面，以震破大的泡沫。旋流停止后，泡沫和液体就会分离，所以在制作拉花咖啡前都要进行旋转。如下图所示，表面有光泽时为最佳。

Circle

画圆

将奶泡的表面作为画布，用雕花针绘制出自己喜欢的
图案。学会了画圆形，心形也很容易制作。

视频讲解

四叶草

可以画成四叶草或者小青
蛙等图案。

青蛙

有油沫时的画图工具，雕花
针、牙签都可以。

绘制方法

01 杯子倾斜放在奶壶的注口处，从10cm左右高度往
液面（浓缩咖啡）中心开始注入。

02 压住浮起的泡沫，一口气倒入咖啡里。液面没有
白色液体时，咖啡杯移近奶壶。

03 保持注入液面中央位置，慢慢把杯子放平。

04 杯子盛满后，拿起奶壶。

05 用雕花针在白色部分描绘图画。每画一笔，都要
用干净的布擦拭雕花针。

Heart

画心

绘制方法和画圆基本相同，最后在圆的上部横断成心形。到泡沫和油沫的边缘后立起奶壶即可。

视频讲解

绘制方法

01 杯子倾斜地放在奶壶的注口处，从10cm左右高度往液面（浓缩咖啡）中心开始注入。压住浮起的泡沫，使其一起卷入咖啡里。液面没有白色液体时，咖啡杯移近奶壶。保持注入液面中央位置，持续注入。

02 泡沫开始浮到液体上，2～3次小幅度摇动注口，使泡沫压入杯子深处（对面），往杯子中央持续注入奶泡。

03 推开泡沫的逆流，使其向上（靠近自己这边）膨胀起来，慢慢地把杯子放平。

04 杯子盛满后，慢慢拿起奶壶，横断泡沫上的圆。到泡沫和油沫的边缘后立起奶壶。

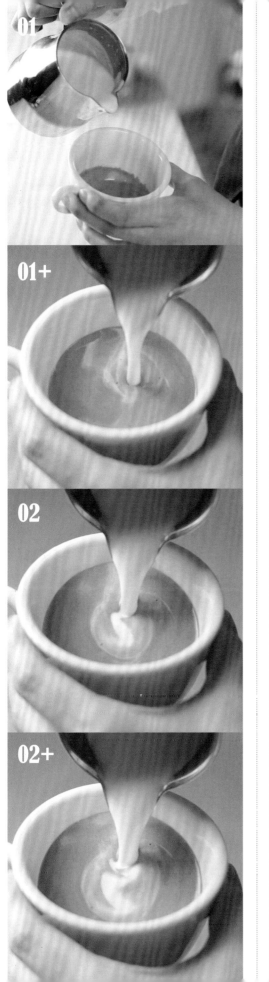

Leaf
画叶子

比起画心，画叶子时牛奶要从更高处注入。这样，线条柔顺，容易绘制图形。

视频讲解

绘制方法

01 杯中的液体顺着叶子描绘的方向流动（流向奶壶的对面）。比起画心，要从更高的位置注入奶泡。注入液面中心，从高处慢慢接近液面。

02 小幅度摇动注口，泡沫向注口以上（注口的一边）膨胀起来，移动奶壶使其后退。把杯子放平。

03 泡沫不要太细也不要太粗，边观察边摇晃着注入，如同杯子在后退一般移动奶壶。把杯子放平。

04 杯子盛满后，把奶壶拿起5cm高。

05 横断泡沫上的圆，到泡沫和油沫的边缘后立起奶壶。

225

Swan

画天鹅

乍看上去很复杂，其实是将叶子（翅膀）、圆（身体）、心（头部）组合在一起画成的。让我们一起来完成它吧！

视频讲解

绘制方法

01 与p224～225"画叶子"的步骤**01**～**03**相同。画完叶子时，略拿起奶壶，把杯子放平。

02 再把杯子倾斜，奶壶靠近杯子画圆。

03 杯子和注口保持一定的距离，一瞬间停止注入（停止是指在实际操作过程中，边注入边蓄力）。注口略微抬起，利用落下的这种趋势压下杯中的奶泡，迅速抬起奶壶。

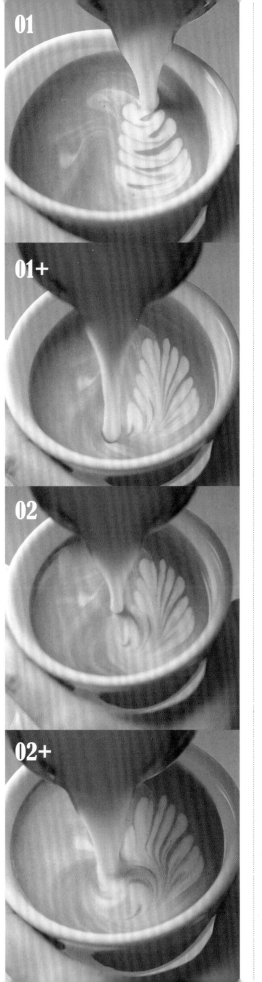

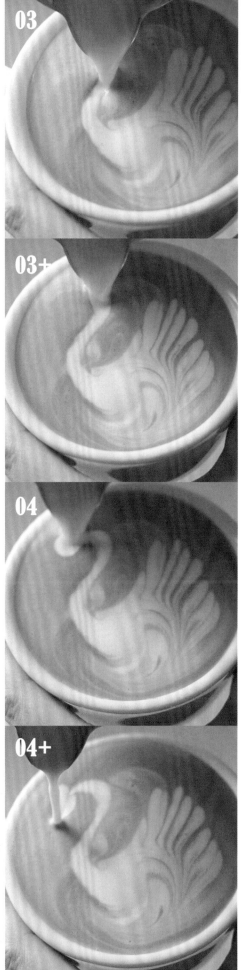

227

图书在版编目（CIP）数据

咖啡 /（日）小池美枝子著；灵思泉，赵培译. --
海口：南海出版公司，2021.2
（世界美食大师丛书）
ISBN 978-7-5442-9890-2

Ⅰ.①咖⋯ Ⅱ.①小⋯ ②灵⋯ ③赵⋯ Ⅲ.①咖啡—
基本知识 Ⅳ.①TS273

中国版本图书馆CIP数据核字(2020)第124519号

著作权合同登记号　图字：30-2020-023
TITLE：［（再契約）新版トップバリスタが教えるエスプレッソ＆コーヒー］
BY：［小池美枝子］
Copyright © STUDIO TAC CREATIVE 2013
Original Japanese language edition published by STUDIO TAC CREATIVE CO., LTD.
All rights reserved. No part of this book may be reproduced in any form without the
written permission of the publisher.
Chinese translation rights arranged with STUDIO TAC CREATIVE CO., LTD., Tokyo
through NIPPAN IPS Co., Ltd.

本书由日本 Studio TAC Creative Co., Ltd 授权北京书中缘图书有限公司出品并由
南海出版公司在中国范围内独家出版本书中文简体字版本。

KAFEI
咖啡

策划制作：北京书锦缘咨询有限公司（www.booklink.com.cn）
总 策 划：陈　庆
策　　划：李　伟

著　　者：［日］小池美枝子
译　　者：灵思泉　赵　培
责任编辑：李凤君
排版设计：柯秀翠
出版发行：南海出版公司 电话：（0898）66568511（出版）　（0898）65350227（发行）
社　　址：海南省海口市海秀中路51号星华大厦五楼　邮编：570206
电子信箱：nhpublishing@163.com
经　　销：新华书店
印　　刷：和谐彩艺印刷科技（北京）有限公司
开　　本：889毫米×1194毫米　1/16
印　　张：14.5
字　　数：325千
版　　次：2021年2月第1版　　2021年2月第1次印刷
书　　号：ISBN 978-7-5442-9890-2
定　　价：98.00元

南海版图书　版权所有　盗版必究